L'ART

D'ESSAYER L'OR

ET L'ARGENT.

Se trouve

Chez P. Fr. Didot le jeune, Directeur de l'Imprimerie de MONSIEUR, quai des Augustins.

Avec Approbation, et Privilège du Roi.

L'ART D'ESSAYER L'OR ET L'ARGENT;

TABLEAU COMPARÉ DE LA COUPELLATION des Subſtances métalliques, par le moyen du Plomb ou du Biſmuth :

PROCÉDÉS pour obtenir l'Or plus pur que par la voie du Départ.

AVEC FIGURES.

Par M. SAGE.

A PARIS,

DE L'IMPRIMERIE DE MONSIEUR.

M. DCC. LXXX.

AVERTISSEMENT.

L'ESSAI des matières d'or & d'argent étant l'opération la plus importante à l'Etat & au Commerce, on ne doit rien négliger pour le porter à sa perfection : on sait qu'on ne peut y parvenir que par la Chimie la plus exercée ; c'est par elle que les Schindlers & les Schlutters sont parvenus à ces vérités utiles, qui n'en subsistent pas moins, quoiqu'elles aient été niées par quelques modernes.

La Docimastique, dont je m'occupe depuis vingt ans (a), m'a conduit aux découvertes importantes que je me fais un devoir de publier, après les avoir

---

(a) M. Necker, Directeur général des Finances, sachant que la Docimastique est la base de l'exploitation des mines, & desirant aussi mettre cette partie en vigueur en France, a fait créer en 1777, une Chaire de Minéralogie Docimastique, pour y enseigner la Chimie Métallurgique : le Roi m'a honoré de la place de Professeur ; je fais servir à l'instruction publique ma Collection de Minéraux, l'une des plus complètes qui soient en Europe, & peut-être la plus intéressante, puisque l'analyse des objets qu'elle renferme est déposée dans les armoires qui sont dans le magnifique Laboratoire que Sa Majesté a destiné à cet effet dans l'Hôtel des Monnoies.

légalisées, en faisant les expériences qui les constatent (*a*), devant M. d'Arnouville, premier Président de la Cour des Monnoies , M. Herault , Avocat général , & M. d'Origni , Conseiller de la même Cour. Ces Magistrats ont reconnu qu'elles devoient concourir à perfectionner l'Art des Essais, & qu'elles leur fournissoient des moyens propres à faire juger des faits qui auroient pu rester long-temps incertains.

Je fis part de mes découvertes à l'Administration. M. Tillet (*b*) crut parvenir à les infirmer, en niant la dissolution de l'or par l'acide nitreux. M. Tillet n'ignoroit cependant pas que Brandt avoit fait le 5 mars 1748 , en présence du Roi & de l'Académie de Suède, les expériences qui constatent la dissolution de l'or par l'acide nitreux : M. Tillet ne se ressouvint pas sans doute que ses propres Mémoires , imprimés parmi ceux de l'Académie pour l'année 1763 , constatent la découverte du Chimiste Suédois. *Voyez les pages 13 & 14.*

(*a*) J'ai fait aussi ces expériences dans mes Cours publics.

(*b*) Inspecteur des essais & affinages du royaume.

Quoique les Chimiſtes François , de
même que les Chimiſtes du Nord , n'euſſent aucun doute ſur les expériences
de Brandt, M. Tillet ſollicita , & ſe fit
écrire , le 25 février 1780 , une lettre
par M. Necker , par laquelle ce Miniſtre
engagea, entr'autres, l'Académie à déterminer ſi l'acide nitreux avoit de l'action
ſur l'or. Dans le deſſein de ſatisfaire
promptement l'Adminiſtration , je fis ,
devant & avec M. Tillet, les expériences
les plus poſitives & les plus propres à
démontrer la diſſolution de l'or par l'eau-
forte la plus pure ; M. le Baron de
Maiſtre fut témoin de ces expériences.
Ce fut alors que M. Tillet imagina de
dire que l'or n'étoit que ſuſpendu , &
non diſſous dans l'acide nitreux. Je ne
m'arrête point aux mots ; le fait eſt que
le poids du cornet d'or diminue d'autant
plus, qu'on a employé une plus grande
quantité d'eau-forte pour l'eſſai , & que
plus cet acide eſt concentré , plus il a
d'action ſur l'or.

La méthode de M. Tillet , & celle
de la plupart des Eſſayeurs, exige de
l'acide nitreux très - concentré pour la
repriſe du cornet. Cette eau-forte ſe

vendoit cent fous la livre, il étoit quef-
tion de la payer fix francs , lorfque
M. Racle , habile Effayeur , vint me
demander s'il ne feroit pas poffible d'en
préparer d'auffi bonne , mais à meilleur
marché. Ce fut alors que je donnai à
l'Adminiftration le procédé par lequel
on obtient l'acide nitreux que la Cour
des Monnoies a jugé à propos de faire employer généralement pour les effais (a);
il ne fe vend que trois livres , quoiqu'il
foit égal , par fa concentration & fes
effets , à celui qu'on vendoit cent fous.

On ne peut plus nier aujourd'hui la
diffolution de l'or par l'acide nitreux
concentré (b); mais on dit que ce qu'il
enlève au cornet eft fi peu de chofe ,
que cela n'eft d'aucune importance :
cependant un trente-deuxième de grain
étant enlevé à un cornet de douze grains,
c'eft une fouftraction réelle de douze
grains d'or par chaque marc de ce métal;
mais comme la fouftraction eft de deux

(a) La Manufacture d'acides minéraux , établie à
Javelle , près Paris , a été chargée par le Gouverne-
ment de préparer cette eau-forte.

(b) Fait qui n'avoit point échappé à l'exactitude
de M. Racle , Effayeur particulier de la Monnoie.

trente - deuxièmes de grains quand on emploie autant d'acide nitreux que M. Tillet, il réfulte que c'eft de vingt-quatre grains d'or par marc qu'on fait tort au propriétaire du lingot. C'eft ainfi que ce métal fe trouve alors réduit de quatre liv. huit fous par marc au-deffous de fa valeur réelle (*a*) ; & il fe trouvera à un plus haut prix par-tout où l'on aura employé une eau-forte moins concentrée pour faire la reprife du cornet , parce qu'alors il y aura moins de ce métal de diffous , & qu'il paroîtra par conféquent à un titre plus haut.

Mes recherches m'ont conduit à une découverte intéreffante , dont j'ai encore fait part à l'Adminiftration ; elle confifte à éviter les pertes qu'entraîne ordinairement l'affinage de l'or : outre que ce moyen peut faire une épargne de plus de 20000 liv. par an pour l'Affinage de Paris , il rendra auffi moins mal-fain le voifinage de cet atelier, puifqu'on n'y réduiroit plus en vapeurs, toutes les années, des milliers d'acide nitreux concentré.

____

(*a*) On fait que la méthode de M. Tillet eft prefque généralement fuivie en France.

Quoiqu'on ait beaucoup écrit fur les effais, il n'y a cependant encore rien de précis fur cet objet, ni fur la coupellation ; c'eft ce qui m'a déterminé à fuivre ce travail : il fera connoître que de toutes les fubftances métalliques, il n'y a que le cuivre, l'or & l'argent qui puiffent s'introduire dans la coupelle par le moyen du plomb ou du bifmuth, que toutes les autres fubftances métalliques font rejetées fur fes bords fous forme de fcories diverfement colorées.

Comme, en fait d'effai, il eft important d'effacer jufqu'à la trace de l'erreur, je fais connoître que l'or de départ retient toujours de l'argent (*a*), & j'indique plufieurs moyens pour obtenir de l'or très-pur.

Je termine cet Ouvrage en prouvant que le plomb ne contient point d'or, comme voudroient l'infinuer quelques Savans modernes.

(*a*) Ce fait n'auroit point été nié en 1763 par des Savans que l'Adminiftration avoit chargés de faire des expériences propres à rendre les effais uniformes, s'ils en euffent appelé à la vérification du titre de l'or par le moyen de l'eau régale.

TABLE

de ce qui eft contenu dans cet Ouvrage.

*

Fin de la Table.

L'ART

L'ART D'ESSAYER

L'OR ET L'ARGENT.

Manière de préparer les Creusets poreux qu'on nomme Coupelles.

La forme de ce vaisseau approche de celle d'une coupe ; c'est ce qui lui a fait donner le nom de *coupelle*. Ces creusets doivent être préparés avec la terre blanche que fournissent les os par l'incinération. Cette terre absorbante doit avoir été préliminairement passée au tamis de soie, & ensuite porphyrisée & bien lavée, pour la féparer de l'alkali fixe (*a*) qu'elle contient : ces précautions font néceffaires fi l'on veut que les coupelles aient de la confiftance ; celle-ci n'eft due qu'au rapprochement des molécules terreufes, par le moyen d'une forte preffion, car on n'ajoute ni gomme, ni terre argileufe pour donner de la cohérence à cette terre ; on fait que la gomme, venant à brûler, augmenteroit de volume lorfque l'eau & l'acide qu'elle contient fe dégageroient, & que par cela même la cohérence cefferoit. Si l'on préparoit les coupelles avec de la terre abforbante & de l'argile, elles pourroient prendre plus de confiftance, mais elles deviendroient moins poreufes, & par conféquent moins propres à s'imbiber du verre de plomb.

Schindlers préparoit fes coupelles avec deux parties de cendres & une de terre abforbante ; mais les cendres étant vitrifiables par elles-mêmes, on ne doit point les faire entrer dans la compofition des petites coupelles.

Quoique la Cour des Monnoies donne la préférence aux coupelles qui ont été faites à

____

(*a*) Cet alkali eft femblable à celui de la foude, connu fous les noms de *natron*, de *foude blanche d'E-gypte*, & d'*alkali minéral*.

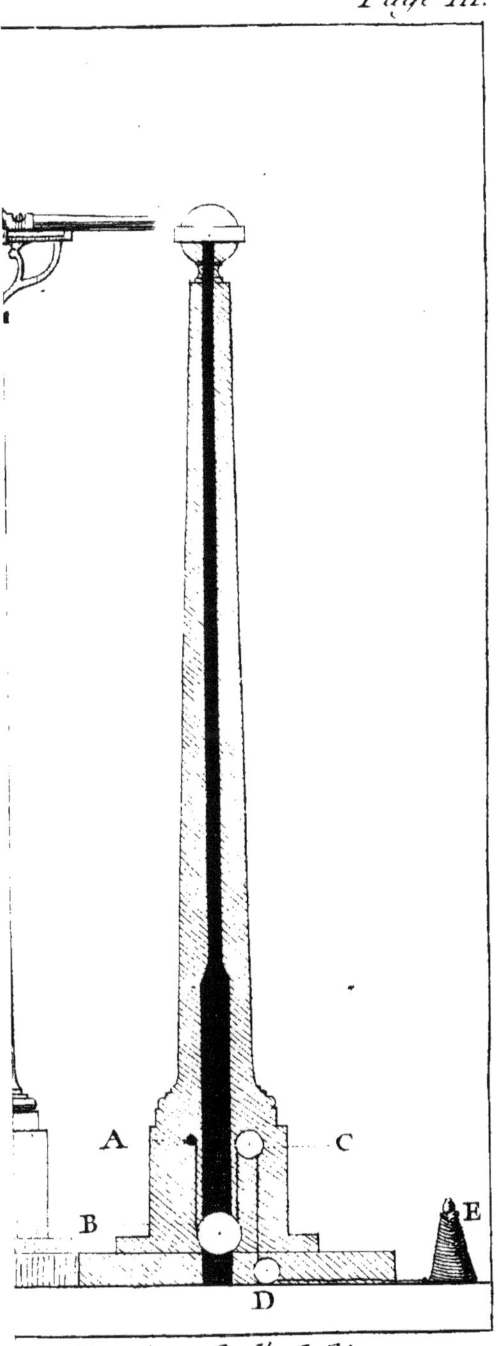

Interieur de l'Obelisque.

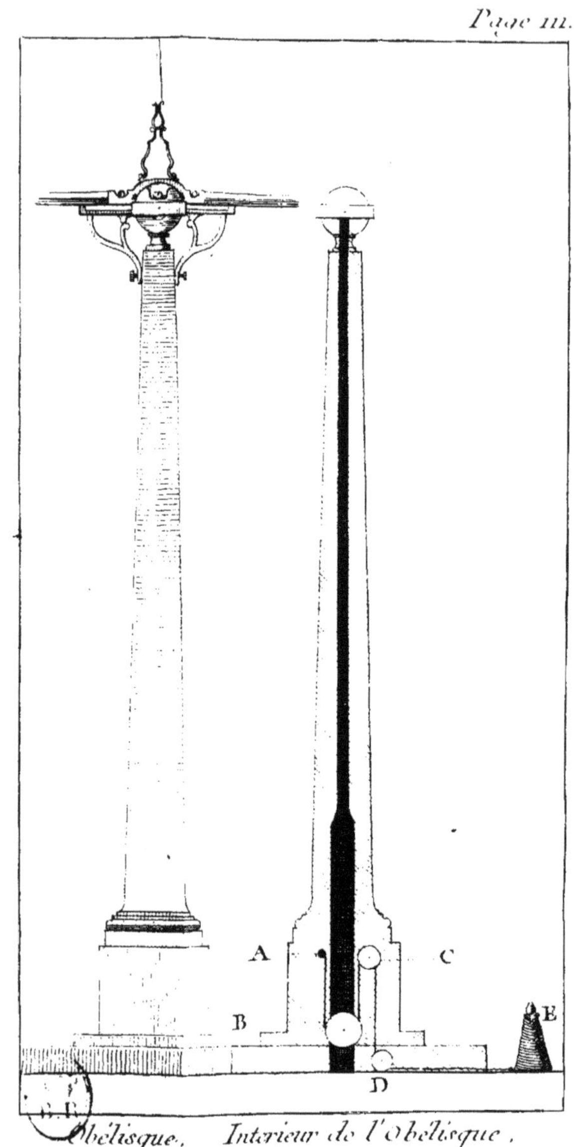

Obélisque.   Intérieur de l'Obélisque.

la preffe, fur celles qui ont été frappées, il eft reconnu que les unes & les autres font bonnes pour la coupellation, pourvu que la terre ait été bien porphyrifée. La coupelle doit avoir affez de confiftance pour ne point s'égrainer entre les mains par la moindre preffion ; fon baffin doit être uni & évafé, parce que plus un métal préfente de furface à l'air & au feu, plus il fe vitrifie promptement.

Pour frapper une coupelle, on remplit à plufieurs reprifes un fegment de cône, qu'on nomme *none* (*b*), avec de la terre abforbante humeétée feulement, au point que les molécules de cette terre puiffent refter unies après avoir été preffées : on foule cette terre avec les doigts dans la *none*; on paffe enfuite deffus une lame de cuivre qui a la forme que doivent avoir le baffin & les rebords de la coupelle, après lui avoir fait faire le tour de la none ; on a par ce moyen déja enlevé la terre furabondante : on faupoudre alors cette furface avec de la terre abforbante en poudre très-fine, & l'on achève la coupelle en la comprimant avec le *moine :* on donne ce nom à un cylindre de

---

(*b*) L'extrémité étroite de la *none* eft fermée par une plaque de cuivre mobile.

cuivre de ciuq à fix pouces de longueur ; fon extrémité eft plus large, & terminée par une tête fphéroïdale à rebord, qui devient le moule du baffin de la coupelle : on frappe le moine à plufieurs reprifes avec un maillet de bois pour comprimer le baffin.

Pour enlever la coupelle de la none, on pofe fon fond fur une petite colonne de bois, d'égal diamètre que le fond mobile ; par ce moyen on enlève la coupelle avec facilité, on la laiffe enfuite fécher ; l'eau s'exhale, & les molécules terreufes prennent de la cohérence en fe rapprochant.

Defcription du Fourneau de Coupelle.

Le fourneau dont les Effayeurs font ufage pour l'opération de la coupelle, eft celui dont Schindlers (*c*) a donné la defcription ; c'eft le même qui eft gravé dans le fecond volume de l'édition françoife de la Docimaftique de Cra-

---

(*c*) Quoique l'ouvrage de Schindlers foit ancien, les Allemands ont confervé fa méthode. C'eft à M. Geoffroi le fils qu'eft due la traduction de l'Art d'effayer les Métaux (*Paris, 1759, in-12.*), que Schindlers publia en 1687 & 1705. Cet ouvrage a été fervilement copié par ceux qui ont écrit fur les effais.

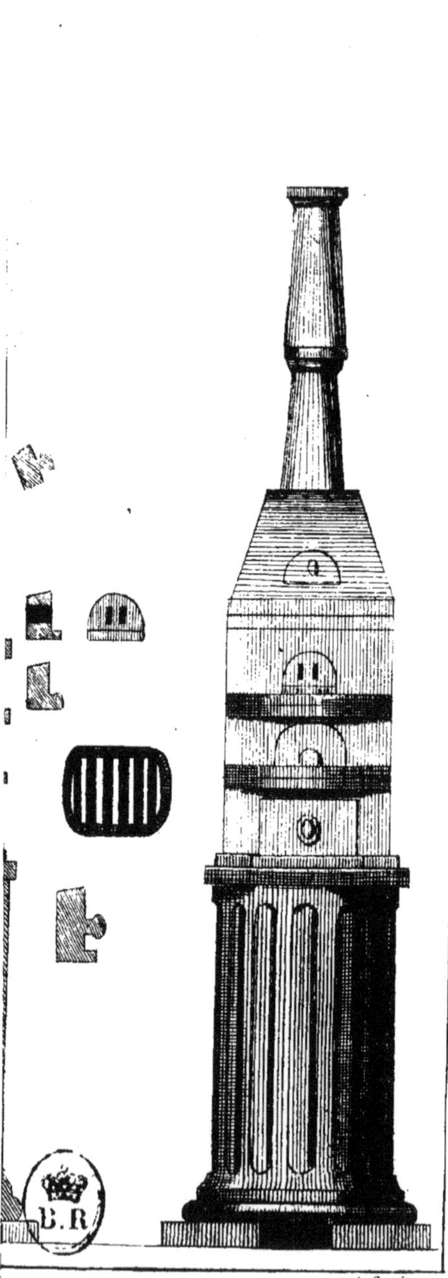

...EAU DE COUPELLE.   *et Sculp.*

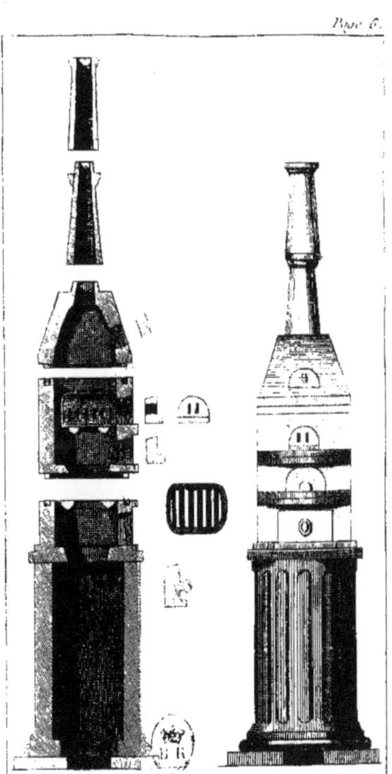

FOURNEAU DE COUPELLE.

mer, & dans les Mémoires donnés à l'Académie des Sciences, en 1776, par M. Tillet : ce dernier y a ajouté une ventoufe. J'ai corrigé ce fourneau, parce qu'étant conftruit à la manière de Cramer, il eft impoffible d'y coupeller de l'or fans que ce métal ne retienne une portion de plomb, ce fourneau ne communiquant point affez de chaleur à la coupelle. Si l'on confidère ce qui fe paffe dans la coupellation en petit, on verra que c'eft l'inverfe de ce qu'on opère dans la coupelle en grand. Dans celle-ci on n'a point pour but de faire abforber la litharge par la coupelle, mais de la faire écouler de deffus le bain : pour cet effet on fait réverbérer le feu fur la furface du plomb, fur laquelle on dirige le vent des foufflets, pour accélérer la calcination & la vitrification de ce métal. Dans la coupelle en petit, la litharge doit être abforbée par ce vaiffeau : il eft donc néceffaire que fon fond reçoive une grande chaleur, qu'on ne parvient à lui donner qu'en mettant du charbon dans le cendrier & à l'entrée de la moufle.

Le fourneau des Effayeurs eft celui de Schindlers, c'eft-à-dire, un prifme quarré terminé par une pyramide : on n'a pratiqué à ce fourneau que trois portes, une pour le cendrier, une pour la moufle, & une troisième sur un des plans de la pyramide; c'est par cette ouverture qu'on charge le fourneau, dont l'extérieur est en tôle, & l'intérieur enduit de terre à creuset.

Ce fourneau est défectueux en ce qu'il n'a pas assez de foyer, & qu'il n'a point de portière pour y attiser le charbon & y en introduire de nouveau.

Le fourneau de coupelle dont je fais usage, est composé d'un prisme quarré d'un pied de diamètre sur dix-huit pouces de hauteur; ses parois ont deux pouces d'épaisseur, de manière que l'intérieur de ce fourneau a huit pouces; la pyramide tétraèdre qui fait le dôme, a neuf pouces de hauteur; le sommet de cette pyramide creuse est tronqué, & laisse une ouverture de trois pouces, d'où part la *cheminée* qui est une colonne creuse. Sur un des plans de la pyramide est une ouverture demi-circulaire, de six pouces & demi de large sur quatre pouces de hauteur : cette porte se nomme *gueulard*.

Le prisme est divisé en trois parties; la supérieure où est la moufle se nomme *laboratoire*. La moufle est portée par quatre pitons; l'ouverture qui répond à son diamètre a quatre pouces de large fur trois pouces & demi de hauteur ; cette ouverture doit avoir deux por-tières, l'une à main, & l'autre à lunettes.

La porte du foyer a cinq pouces & demi de largeur fur quatre de hauteur.

La porte du cendrier a quatre pouces de hauteur fur huit de largeur. Le fond du cen-drier s'enlève lorfqu'on veut ; il répond à une colonne creufe de deux pieds de hauteur, dont l'intérieur a huit pouces de diamètre : cette colonne eft élevée de terre par quatre briques ; de forte qu'en fermant la portière du cendrier, le fourneau afpire la colonne d'air avec une force proportionnée à la hauteur des tuyaux qu'on a mis fur la cheminée.

Les moufles que j'emploie ont quatre pou-ces de largeur, trois & demi de hauteur fur fept de longueur ; il y a fur chaque côté fix fentes de huit lignes de haut fur deux lignes de diamètre ; il y a aufli trois de ces fentes à la partie oppofée à l'ouverture de la moufle, qui pofe fur quatre pitons de terre, difpofés fuivant fa longueur.

Le diamètre intérieur du fourneau de cou-pelle étant de huit pouces, les deux côtés de la moufle font chauffés par deux pouces de charbon ; il fuffit d'en mettre à peu près autant fur fa voûte : mais ce qui eft important, c'eft de pouvoir charger & dégarnir le foyer à volonté. On voit, d'après mes proportions, qu'on peut le charger de fix pouces de charbon; ce qui équivaut à la quantité qui fe trouve deffus la moufle & fur fes côtés.

Il ne faut point charger le fourneau de trop petits charbons, fi l'on veut avoir beaucoup de chaleur, afin que l'air puiffe circuler. Pour allumer promptement le fourneau, il faut mettre fur fa grille un pouce & demi de charbon, enfuite introduire par le gueulard du charbon allumé jufqu'au plancher de la moufle; il faut mettre après du charbon jufqu'à la hauteur du dôme de la moufle, & la recouvrir avec du charbon embrafé : on met enfuite deffus un lit de charbon d'un pouce d'épaiffeur; par ce moyen le fourneau ne tarde point à s'échauffer. Lorfque la moufle eft rouge, il faut mettre dans les coupelles le plomb qui contient l'*œuvre*, puis fermer la moufle avec la portière à main, afin de donner chaud : lorfque le plomb eft en bain, on peut fubftituer la portière à lunettes; celle-ci laiffe paffer l'air dans la moufle, ce qui accélère la vitrification du plomb. Lorfque les effais font paffés, il faut enlever par le foyer le feu du fourneau, & laiffer refroidir lentement fous la moufle le bouton qui n'adhère prefque point au baffin de la coupelle; par ce moyen il n'y a point d'écartement. Si on laiffoit la coupelle imbue de litharge, expo-fée à un feu violent fous la moufle, le plomb fe réduiroit, & fortiroit de tous fes pores fous forme de globules brillans; ce qui empêcheroit de diftinguer le grain s'il étoit petit.

De la Coupellation.

Coupeller, c'eft opérer, par l'intermède du plomb ou du bifmuth, la vitrification ou la fco-rification des fubftances métalliques mêlées avec l'or ou l'argent. J'ai reconnu qu'il n'y avoit que le cuivre qui pût être vitrifié & abforbé com-plétement par la coupellation; que les autres métaux font fcorifiés, excepté l'or, l'argent & la platine, qui réfiftent à l'action vitrifiante du plomb & du bifmuth: ceux-ci exercent leur propriété de fondant fur l'or, l'argent & la pla-tine, qui feuls ne pourroient fondre au degré de chaleur qui les met alors en bain.

L'étain & le zinc font hériffer la coupelle; le fer, l'antimoine & le cobalt font rejetés fur fes bords fous forme de fcories, qui entraînent fouvent une portion du métal fin. Si ces différentes fubftances métalliques ne fe trouvoient dans l'or & l'argent qu'en petite quantité, les effets n'en feroient point auffi fenfibles ; mais alors la couleur des fonds des coupelles eft indicative.

Effai du Plomb.

L'opération préliminaire de tout Effayeur, doit être de s'affurer, par la coupellation, de la qualité du plomb qu'il emploie, afin de déterminer la quantité d'argent que ce plomb contient, & s'il eft uni à quelqu'autre métal : le grain de retour qu'on obtient fe nomme *témoin*. Le plomb qu'on emploie pour les effais fe nomme *plomb* de *gueux*, à caufe qu'il ne contient que très-peu d'argent ; il ne m'a produit que quatre-vingt-trois grains de ce métal par quintal de plomb.

C'eft fous forme de verre que le plomb pénètre la coupelle : ce métal étant expofé au feu, fe fond & paffe à l'état de chaux ; celle-ci étant faturée d'acide phofphorique igné, forme un fel très-fufible, qu'on nomme *litharge*. Ce verre de plomb n'a point la propriété de fe raffembler en maffes continues & tranfparentes ; il eft ordinairement compofé de lames ou feuillets hexagones, jaunes ou rougeâtres, & demi-tranfparens. Ce verre de plomb eſt connu ſous le nom de *litharge d'or*, quand il eſt rougeâtre ; & ſous celui de *litharge d'argent*, quand il eſt d'un jaune blanchâtre. Lorſque la litharge a été long-temps expoſée à l'air, elle perd ſa couleur & ſa tranſparence, & ſe couvre d'une effloreſcence blanche & opaque.

Pendant la coupellation, une partie du plomb ſe volatiliſe ſous la forme d'une fumée jaune ; cette chaux de plomb étant condenſée, eſt connue ſous le nom de *maſſicot*.

Pour apprécier la quantité de plomb qui s'évapore, & celle qui ſe vitrifie pendant la coupellation, il faut s'aſſurer du poids de la coupelle, après l'avoir chauffée pour diſſiper l'humidité qu'elle peut contenir. On repèſe cette coupelle après y avoir fait paſſer des quintaux fictifs de plomb, en tenant compte pour chaque quintal de douze livres d'accrétion en peſanteur abſolue, dont ce métal eſt ſuſceptible en paſſant à l'état de chaux. Tout ayant été défalqué, j'ai trouvé que, pendant la coupellation du plomb, il y avoit douze livres de ce métal qui s'exhaloient. Si l'eſſai paſſoit trop rapidement, ce qu'on reconnoît lorſque la fumée de la coupelle s'élève trop haut, il peut s'exhaler une plus grande quantité de plomb,

Ce feroit le contraire fi la fumée du plomb def-
cendoit en fortant de la coupelle ; alors la chaleur n'eft point affez forte pour terminer la
coupellation : c'eft ce qui avoit été reconnu
de Schindlers.

Le baffin de la coupelle, qui eft imbibé de
plomb pur, a une teinte d'un blanc jaunâtre.
Si le feu n'a point été affez fort vers la fin de
la coupellation, les dernières portions de plomb
ne peuvent s'évaporer ni être abforbées, &
elles forment un bourrelet compofé d'une multitude de petits criftaux de litharge.

Coupellation de l'Or & de l'Argent par le moyen du Plomb.

Quoique M. Tillet ait donné plufieurs mémoires fur cette opération (*d*), mes moyens
& les réfultats de mes expériences n'étant point
les mêmes, je vais les expofer avec d'autant
plus de confiance, que la plupart des travaux
de cet Académicien n'ont point été approuvés
par la Cour des Monnoies, qui lui enjoignit
notamment, en 1779, de ne point répandre

(*d*) Ils font imprimés parmi ceux de l'Académie
Royale des Sciences, pour les années 1760, 1762,
1763, 1769, 1775, 1776, &c. &c.

un ouvrage qu'il avoit fait imprimer, & qui a pour titre : *Mémoire sur un Moyen nouveau de faire avec exactitude, & tout à-la-fois, le départ de plusieurs essais d'or dans un seul & même matras ; tiré des Registres de l'Académie Royale des Sciences. De l'Imprimerie Royale. 1779.*

Pour faire la coupellation, je mets l'or ou l'argent dans un cornet fait avec le plomb destiné à cette opération ; je place cette petite masse dans la coupelle, lorsqu'elle est pénétrée d'assez de feu pour être rouge : ces métaux y entrent promptement en fusion, parce que le plomb sert de fondant à l'or & à l'argent. La surface de ce mélange métallique ne tarde pas à devenir brillante si le feu est assez fort : cet état se nomme *bain.* Si la chaleur diminuoit dans la moufle, il se formeroit une pellicule de chaux de plomb à la surface de la coupelle. Pour dissiper ce voile, il suffit d'augmenter le feu & le courant d'air : la chaux de plomb se vitrifie, & s'introduit dans le bassin de la coupelle ; le *voile* est enlevé, & la circulation du bain devient sensible. On reconnoît qu'un essai tire à sa fin, par l'augmentation de volume des globules qui circulent dans le bassin : il faut augmenter alors le feu, pour déterminer l'*éclair* qui a lieu lorsque la dernière portion de plomb s'évapore ; alors le métal fin reste à découvert avec l'éclat qui lui est propre. Quand la coupelle est passée, il faut la rapprocher de l'entrée de la moufle, pour que le bouton de fin refroidisse lentement, & se fige sans *écarter*.

L'*écartement* ou la végétation du bouton a lieu, lorsque sa surface se fige trop promptement ; cette surface prenant de la retraite, comprime avec force la portion d'or ou d'argent fondu qui est dessous : alors le métal en fusion se fait jour à travers la partie figée, s'échappe avec effort, & produit l'espèce de végétation qu'on trouve à la surface du bouton. Or, dans ce cas, de petits globules de métal peuvent jaillir hors de la coupelle.

Lorsque la coupelle a bien passé, le *bouton de retour* n'est jamais égal, en pesanteur, à la quantité d'or ou d'argent qui a été soumise à cette opération, parce qu'indépendamment du métal imparfait qu'ils contenoient, lequel a été vitrifié ou scorifié pendant l'opération, il y a même une partie du métal fin d'absorbée par la coupelle. Il faut toutefois supposer que le plomb qu'on emploie est assez pauvre pour que son témoin n'équivale point à ce qui a été absorbé.

Les expériences suivantes feront connoître

que la quantité de métal fin que la coupelle abſorbe, n'eſt point relative à la quantité de plomb qu'on emploie pour la coupellation, mais à la quantité d'or ou d'argent qui ſe trouve ſur le baſſin de la coupelle ; ces expériences feront auſſi connoître qu'il y a dix-ſept fois plus d'argent que d'or d'abſorbé, lorſqu'on a paſſé avec une égale quantité de plomb, au même feu, des quantités ſemblables d'or ou d'argent.

J'ai coupellé douze grains d'or pur avec deux gros de plomb ; le bouton de retour peſoit un trente-deuxième de grain de moins (e). J'ai retiré la portion d'or qui avoit été abſorbée par la coupelle, en réduiſant la cendrée, & en coupellant le plomb que j'en avois retiré.

J'ai coupellé ſix grains d'or avec deux gros de plomb ; l'abſorption a été d'un trente-deuxième de grain.

J'ai coupellé un grain d'or avec deux gros

(e) Je ſais que les Eſſayeurs ont remarqué que lorſqu'ils coupelloient de l'or, le bouton de retour étoit toujours plus peſant que la quantité de ce métal qu'ils avoient employée : ils attribuent, avec juſte raiſon, cette addition de poids à du plomb que l'or retient ; mais ſi le fourneau dont ils font uſage étoit propre à donner un feu convenable, ils n'éprouveroient point cette augmentation de poids.

de plomb (*f*) ; il n'y a eu qu'un deux cents quatre-vingt-huitième de grain d'or d'abſorbé : le bouton d'or qui étoit ſur le baſſin de la coupelle étoit rond , & n'adhéroit point.

J'ai coupellé trente grains d'argent & douze grains d'or avec deux gros de plomb ; l'abſorption a été de huit trente-deuxièmes de grain.

J'ai coupellé douze grains d'argent avec deux gros de plomb ; l'abſorption a été de huit trente-deuxièmes de grain.

Un grain d'argent ayant été coupellé avec deux gros de plomb , l'abſorption n'a été que d'un ſoixante-quatrième de grain.

Quoique je ſois parvenu à extraire , par la trituration de la cendrée avec du mercure (*g*), une petite portion de l'argent ou de l'or qu'elle contient , je penſe que ces métaux ne ſe ſont

---

(*f*) Le témoin des deux gros de plomb que j'ai employé , étoit un cent quarante-quatrième de grain d'argent.

(*g*) J'ai trituré pendant trois heures une once de cendrée avec quatre onces de mercure ; j'ai lavé cette amalgame pour en ſéparer la terre abſorbante & la litharge ; j'ai paſſé le mercure à travers un linge ; &, après l'avoir diſtillé dans une cornue , j'ai trouvé au fond des portions d'argent ſous forme métallique.

point

point introduits fous forme métallique dans la coupelle, mais à l'état de chaux ; car la coupelle ne peut abforber les fubftances métalliques, que lorfqu'elles font fufceptibles de vitrification par l'intermède du plomb. J'ai fait connoître que le plomb précipitoit l'or & l'argent de leur diffolution fous forme de chaux : ce même plomb fervant de fondant à l'or & à l'argent pendant la coupellation, il y a lieu de préfumer qu'il facilite la vitrification d'une partie de ces métaux. S'il y a beaucoup plus d'argent que d'or d'abforbé par la coupelle, c'eft que ce dernier métal réfifte beaucoup plus au feu & à l'acide phofphorique igné, principe des chaux métalliques, que ne le fait l'argent.

Effai du Bifmuth.

M. Dufay a fait connoître, en 1727, que le bifmuth pouvoit fervir à coupeller comme le plomb ; M. Pott l'a conftaté par des expériences. M. Geoffroi le fils, qui a beaucoup travaillé fur ce demi-métal, dit que « lorfqu'il eft » trop chauffé, il fume vivement, fe couvre » d'une flamme bleue fort légère, & que, dans » l'inftant, du milieu du métal enflammé il » s'élance une multitude de globules brillans

» & fort petits. M. Geoffroi obſerve que ce
» jet n'a pas toujours lieu. »

Le biſmuth paſſe plus facilement à l'état
de verre que le plomb; celui qu'il produit eſt
continu, ſolide, tranſparent, & d'un jaune (*h*)
rougeâtre : ce verre n'éprouve point d'altération à l'air.

Le biſmuth réduit en poudre, & expoſé à un
feu gradué ſous une moufle, y paſſe à l'état
de chaux, ſans qu'il ſoit néceſſaire qu'il entre
en fuſion : cette chaux prend une couleur griſe
cendrée, & devient jaunâtre ou rougeâtre, ſuivant le degré de chaleur qu'on lui a fait éprou-
ver; elle ne reçoit du feu qu'une accrétion de
douze livres par quintal de biſmuth. Auſſitôt
que le biſmuth eſt en bain dans la coupelle,
ſa ſurface paſſe à l'état de chaux; celle-ci ſe
vitrifie, & eſt abſorbée par les pores de la coupelle. Pendant cette opération, il y a une partie
du biſmuth qui ſe volatiliſe ſous la forme d'une
fumée jaune aſſez épaiſſe : ſi le feu eſt trop fort,

(*h*) La coupelle qui eſt imbue de verre de biſmuth, a une belle couleur jaune. J'ai donné cette année, à l'Académie, l'analyſe d'une mine de biſmuth
terreuſe, jaune & ſolide, dont la couleur eſt ſem-
blable à celle du jaune de Naples.

le bifmuth s'enflamme ; la coupelle qui eft imbue du verre de ce demi-métal, prend une belle
couleur jaune.

Le bifmuth, ainfi que le plomb, contient
toujours une portion d'argent qui refte fur le
fond de la coupelle, lorfque le bifmuth a bien
paffé ; mais il s'y fait fouvent des gerçures, où
l'argent peut s'introduire. M. Geoffroi avoit
obfervé que le bifmuth contenoit de l'argent ;
j'ai retiré un gros vingt-quatre grains d'argent
par quintal du régule de bifmuth que j'ai effayé.

La vitrification du bifmuth étant plus prompte
que celle du plomb, la coupelle abforbe plus
vîte le verre qui fe forme, & le baffin de ce
vaiffeau fe fendille quelquefois en plufieurs en-
droits. La grande folidité qu'ont les coupelles
imbues de verre de bifmuth, me fait foup-
çonner qu'une partie de la terre abforbante
qui les compofe, paffe pendant la coupellation
à l'état vitreux ; c'eft ce qui caufe vraifembla-
blement les gerçures dont je viens de parler.

Coupellation de l'Or par le moyen du Bifmuth.

J'ai coupellé deux gros de bifmuth avec douze
grains d'or ; j'ai trouvé que l'abforption de ce

métal avoit été d'un trente-deuxième de grain : la coupelle ne s'eſt point gercée ; ce qui eſt en rapport avec ce qui ſe paſſe lorſqu'on coupelle l'or par le plomb.

Coupellation de l'Argent par le Biſmuth.

J'ai coupellé deux gros de biſmuth avec douze grains d'argent, & j'ai trouvé que l'abſorption de ce métal n'avoit été que d'un trente-deuxième de grain.

La propriété qu'a le biſmuth de fondre plus facilement que tous les autres métaux, de ſe calciner plus promptement, & de brûler en produiſant une flamme, me paroiſſent démontrer que ce démi-métal contient plus de phoſphore que les autres (*i*), & qu'il n'y eſt point combiné auſſi intimement avec la terre métallique, puiſque le biſmuth ſe calcine bien plus promptement que toutes les autres ſubſtances métalliques.

(*i*) Les terres métalliques ſaturées de phoſphore, conſtituent les métaux, qui font, comme on voit, des furcompoſés, puiſque le phoſphore eſt formé d'acide phoſphorique ſaturé de principe inflammable.

Coupellation de la Platine par le Plomb.

J'ai coupellé deux gros de plomb & douze grains de régule de platine (*k*); ce métal a retenu le tiers de son poids de plomb. Le bouton qui est resté sur le bassin de la coupelle, étoit applati & d'un gris cendré : ce mélange métallique n'est point ductile.

Les grains de platine mêlés de mine de fer attirable par l'aimant, passent facilement à la coupelle, sans que le fer se vitrifie : le bouton qui reste est un mélange métallique friable, composé de platine, de fer & de plomb.

Coupellation de la Platine par le Bismuth.

Quoique la platine pure soit plus difficile à fondre que toutes les autres substances métalliques, il semble que le plomb & le bismuth lui servent alors de dissolvant, puisque la pla-

---

(*k*) M. Delisle a fait connoître, en 1776, que la platine qu'on avoit privée de fer en la dissolvant dans de l'eau régale, & en la précipitant par le sel ammoniac, se fondoit facilement lorsqu'on l'exposoit à un feu violent, & qu'elle avoit alors de la ductilité. Je présentai alors ses expériences à l'Académie, qui les constata par d'autres expériences au miroir ardent.

tine fe fond très-promptement par leur intermède ; mais la platine qui a été coupellée retient toujours une portion de plomb ou de
bifmuth.

Douze grains de platine ayant été mis avec
deux gros de bifmuth dans une coupelle, fous
la moufle, ces fubftances métalliques font en-
trées très-promptement en bain : il s'eft fait une
effervefcence affez forte ; il y a eu une multitude de globules de bifmuth, mêlés de platine,
qui ont été rejetés verticalement.

Le bifmuth a bien paffé, & le fond de la
coupelle a pris fa couleur jaune ordinaire : la
platine étoit au centre, fous la forme d'un bouton grisâtre applati ; quelques grains de ce métal, qui avoient été rejetés avec le bifmuth, fe
trouvoient fur les bords de la coupelle.

Coupellation du Cuivre par le Plomb.

J'ai coupellé deux gros de plomb avec douze
grains de cuivre ; ce métal s'eft très-bien vitrifié :
le baffin de la coupelle a pris une teinte d'un
rouge brun. Lorfque le cuivre fe trouve en
moindre quantité, le fond de la coupelle eft
noirâtre. Quoiqu'il paroiffe que fix parties de
plomb fuffifent pour coupeller une partie de

cuivre, cependant j'ai reconnu qu'elles ne fuf-
fifoient point lorfqu'on coupelloit à feu ouvert.
En plaçant la coupelle fur un *fromage*, en l'en-
tourant & la recouvrant de charbons dont on
entretient le feu, en dirigeant le vent d'un fouf-
flet à main fur le baffin de la coupelle, ce qui accélère en même tems la vitrification du plomb ;
ayant employé des quantités de plomb & de
cuivre égales à celles de l'expérience précédente,
il eft refté fur le baffin de la coupelle un bouton de cuivre pefant deux grains ; fa furface
étoit couverte d'une lame de verre rouge foncé
& tranfparent : le culot de cuivre avoit fon brillant métallique : le fond de la coupelle avoit
une couleur noirâtre.

Coupellation du Cuivre par le Bifmuth.

Le bifmuth fe calcine & fe vitrifie avec beaucoup plus de célérité que les autres métaux ;
c'eft pour cela qu'il eft plus propre à la vitrification du cuivre que le plomb, puifqu'il ne
faut que quatre parties de bifmuth pour en coupeller une de cuivre. Le baffin de la coupelle
prend une couleur noire.

Quoique le bifmuth n'augmente que de douze
livres par quintal en paffant à l'état de chaux,

il y a lieu de préfumer qu'il augmente beaucoup plus en fe vitrifiant, puifque la coupelle où l'on paffe des quintaux fictifs de ce demi-métal, fe trouve pefer neuf livres de plus que chaque quintal de bifmuth qu'on y a paffé, quoique pendant cette opération il fe foit exhalé une partie du bifmuth fous forme de fumée jaune.

Coupellation du Fer par le Plomb.

Ayant coupellé deux gros de plomb avec fix grains de fer, le plomb a bien paffé; le fer a été rejeté, fous forme de fcories vitreufes noires, fur les bords de la coupelle, dont le fond étoit d'un rouge brunâtre.

L'*or gris* du commerce eft un mélange d'or & de fer. La manière d'allier ces deux métaux, celle dont ils fe comportent avec les acides, & les détails de leur coupellation, m'ont paru af-fez intéreffans pour tenir place dans ce Traité.

Pour obtenir un mélange exact d'or & de fer, je mets de la limaille d'acier dans un cornet d'or, je l'expofe dans un creufet au degré de feu néceffaire pour fondre l'or; cette cha-leur fuffit pour mettre le fer en fufion, & pour le combiner intimement avec l'or : ce mélange métallique occupe le fond du creufet, fous la forme d'un culot arrondi qui eſt plus ou moins ductile, ſuivant la quantité de fer qui eſt mêlée avec l'or.

N°. I. J'ai fondu vingt-deux grains d'or le plus pur avec deux grains de limaille d'acier; le culot que j'ai obtenu étoit gris & ductile : après l'avoir recuit, je l'ai laminé, & j'ai reconnu que ce mélange métallique étoit très-bien fait.

J'ai mis cette lame d'or gris dans deux cents parties environ d'acide nitreux à trente-deux degrés, & je l'y ai tenu en digeſtion pendant plus d'une demi-heure; j'ai enſuite lavé, deſſéché & recuit cette lame d'or gris; la couleur de ſa ſurface s'eſt *dérochée* : ce mélange métallique avoit pris une couleur rougeâtre.

Pendant ces opérations, les vingt - quatre grains d'or gris n'ont perdu qu'un ſixième de grain.

N°. II. J'ai fondu vingt grains d'or avec quatre grains de limaille d'acier; le culot gris que j'ai obtenu ne peſoit qu'un tiers de grain de moins; il étoit ductile. J'ai tenu ce mélange métallique en digeſtion dans l'acide nitreux comme le précédent; il s'eſt *déroché*; après l'avoir recuit & peſé, je n'ai trouvé qu'un huitième de grain de diminution : cet or étoit gris dans ſon intérieur, & d'un rouge ſale à ſa ſurface.

Nº. III. J'ai fondu vingt-quatre grains d'or avec douze grains de limaille d'acier ; j'ai obtenu un culot gris moins ductile que le précédent ; il avoit perdu un grain.

Ayant mis en digestion pendant une heure ce mélange métallique dans de l'esprit de nitre, sa surface s'est dérochée, & a pris une belle couleur d'or ; après avoir été recuit, sa surface est redevenue grise : l'ayant ensuite pesé, j'ai reconnu qu'il avoit perdu un quart de grain.

Nº. IV. J'ai fondu vingt-quatre grains d'or avec quarante-huit grains de limaille d'acier ; ce mélange métallique étoit bien lié, mais peu ductile ; il avoit perdu un grain de son poids : l'ayant mis en digestion dans de l'acide nitreux, il ne s'est que très-peu déroché, & a repris sa couleur grise par le recuit ; après ces opérations, il s'est trouvé diminué d'un grain.

Nº. V. J'ai fondu vingt-quatre grains d'or avec soixante-douze grains de limaille d'acier ; j'ai obtenu un culot gris très-peu ductile ; il n'avoit perdu qu'un grain & demi de son poids : l'acide nitreux avec lequel il a été tenu en digestion, en a dissous deux grains, sans que la couleur de l'or ait reparu. Dans toutes ces expériences, j'ai toujours commencé par employer de l'acide nitreux à vingt-sept degrés,

& pour reprife, de l'acide à quarante degrés.

J'ai coupellé avec douze parties de plomb l'or allié d'un douzième de fer ; le plomb a bien paffé ; le fer a été rejeté fur les bords de la coupelle fous la forme d'une fcorie vitreufe noire, qui étoit attirable par l'aimant après avoir été pulvérifée. L'or pefoit vingt-un grains feize trente-deuxièmes : la perte a donc été de feize trente-deuxièmes, dont une partie avoit été abforbée par la coupelle.

J'ai coupellé l'alliage des numéros 2 & 3 avec douze parties de plomb ; les produits ont été à peu près les mêmes que le précédent.

J'ai coupellé avec vingt-quatre parties de plomb l'or allié à deux parties de fer du numéro 4 ; le bouton de retour n'avoit perdu que deux tiers de grain. Les fcories martiales étoient très-abondantes.

Ayant coupellé avec vingt-quatre parties de plomb l'or allié de trois parties de fer, j'ai reconnu qu'un fixième de l'or avoit été enlevé par les fcories martiales, & qu'il y étoit difféminé fous forme de petits grains.

Coupellation du Fer par le Bifmuth.

L'or allié de fer étant coupellé avec le bifmuth, offre à peu près les mêmes réfultats ;

les fcories noires qu'il produit font également attirables par l'aimant lorfqu'elles ont été pul-vérifées.

Ces expériences font connoître qu'il eft im-poffible de féparer le fer de l'or en ne faifant ufage que de l'acide nitreux ; il paroît même que ce métal eft garanti de l'action de cet acide par le moyen de l'or. On reconnoît auffi qu'on peut féparer l'or du fer par le moyen du plomb ; mais que l'or ne fe fépare bien du fer par cette fcorification, que quand ce dernier métal n'eft point trop abondant dans ce mélange métal-lique.

Coupellation de l'Etain par le moyen du Plomb.

Il eft connu des Effayeurs, que le plomb qui eft mêlé avec de l'étain ne peut point fervir à coupeller, parce que l'étain fondu gagne promp-tement la furface du plomb, & s'y convertit en chaux qui s'élève en mamelons : c'eft cet effet qu'on a défigné fous le nom de *coupelle hériffée*. Ce qu'il y a de remarquable, c'eft que la chaux d'étain qui fe vitrifie fans addition, refufe de le faire lorfqu'elle eft combinée avec le plomb, qui a la propriété de déterminer la vitrification des corps les plus apyres.

Si l'on expose de l'étain de *Malaca* (*l*) dans un têt sous la moufle du fourneau de coupelle, il se fond & se calcine sans se vitrifier; sa surface se recouvre d'une pellicule rougeâtre qui a de la consistance : si l'on expose cette chaux d'étain à un feu violent, elle se convertit en partie en un verre hyacinthe transparent. La calcination de parties égales d'étain & de plomb, produit des effets intéressans; pour pouvoir bien les saisir, il faut envelopper deux gros d'étain dans une lame de plomb du même poids, & les mettre dans une coupelle sous la moufle. A peine ces métaux sont-ils fondus, qu'ils éprouvent une effervescence qui les fait boursouffler; leur surface se couvre d'une pellicule grise qui se rompt presque aussitôt, pour laisser échapper une multitude d'étincelles phosphoriques : chacun des points d'où elles sont

---

(*l*) L'étain de Malaca, plus connu sous le nom de *Mélac*, est le seul pur ; aussi ne perd-il point son brillant à l'air. Quand on le calcine, sa surface se couvre d'une chaux blanche qui prend de la consistance , & devient rouge par la réverbération ; cette même chaux étant exposée à un feu très-violent, se convertit en partie en un verre transparent couleur d'hyacinthe tirant sur le vert.

parties laisse une protubérance fongueuse, grisâtre & friable, qui s'élève de cinq ou six lignes au dessus des bords de la coupelle ; quand elle commence à refroidir, il se fait sur le côté du champignon une ouverture, d'où il sort, par intermittences, une quantité assez considérable de chaux mixte d'étain & de plomb.

Calcination de l'Etain par le moyen du Bismuth.

J'ai exposé dans une coupelle, sous la moufle, deux gros d'étain & autant de bismuth ; ces deux métaux se sont fondus sans se boursouffler ; leur surface s'est couverte d'une chaux blanche, qui est devenue rougeâtre par la réverbération du feu.

Coupellation & calcination du Zinc par le moyen du Plomb.

Je mets un demi-gros de zinc dans une lame de plomb pesant demi-once ; je pose ce cornet sur une coupelle que je place ensuite sous la moufle, lorsqu'elle a reçu un degré de chaleur assez considérable pour la faire rougir. Le plomb n'entre point en bain, mais il se gonfle, s'élève

ATIONS DU ZINC.

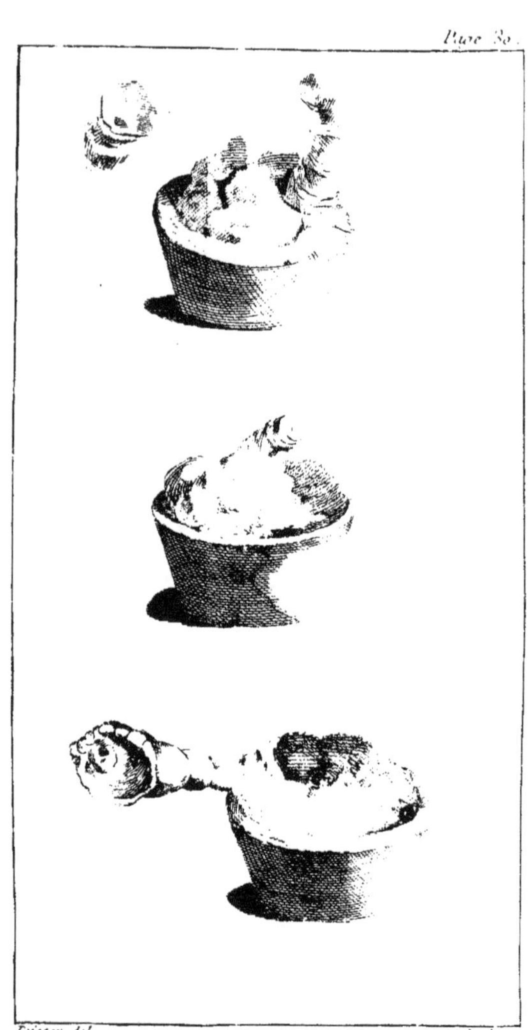

COUPELLATIONS DU ZINC.

en cône; peu après il fe fait un trou à fon fom-
met, d'où il fort un jet de flamme bleue &
verte, dont la forme eft une ellipfe de deux
pouces & demi à trois pouces de longueur,
fur dix lignes dans fon autre diamètre. Après
dix ou douze minutes, cette bouche ceffe de
produire de la flamme, fon orifice fe ferme,
& offre un cylindre blanc d'une ligne & demie
de diamètre, fur trois ou quatre de longueur.
Ce cylindre creux eft compofé d'une multitude de petits anneaux, ce qui le rend ftrié
circulairement; fon extrémité fe trouve fouvent
fermée par une fpirale, auffitôt que la flamme
ceffe. Cette efpèce de cheminée fe forme verticalement ou horizontalement : il s'en élève
fouvent de petites fur les côtés de la coupelle.

Tels font les effets de la coupellation du zinc,
lorfque le feu n'a pas été très-fort; mais fi la
moufle a été chauffée beaucoup plus, la défla-
gration du zinc fe fait avec plus de rapidité & en
plus grande quantité. La flamme qui fort par
la cheminée qui s'eft formée, eft d'un blanc
éblouiffant; dans ce cas, la cheminée prend
trois fois plus d'accrétion, & paroît compofée
de plufieurs cônes implantés les uns dans les
autres. Le dernier cône eft très-évafé; fon intérieur paroît compofé de différentes couches :

cette efpèce d'entonnoir refte quelquefois per-
foré jufqu'au fond de la coupelle.

Ces cheminées font formées de chaux blanche de zinc ; le monticule qui eft blanchâtre,
grisâtre ou jaunâtre, eft un mélange de chaux
de zinc & de litharge : on peut facilement le
détacher de la coupelle ; fon intérieur eft ma-
melonné.

D'après cet expofé, on voit que la déflagra-
tion & la calcination du zinc par le moyen du
plomb, offre en petit l'image d'un volcan. Dans
cette expérience, le plomb commence par paffer à l'état de chaux qui fe vitrifie en partie :
il en réfulte une croûte folide qui eft bientôt
foulevée par le zinc fondu & réduit en vapeurs ; celles-ci augmentant de volume par la
chaleur, entrent en expanfion, & rompent la
croûte. Auffitôt que le zinc vaporifé a le con-
tact de l'air, il s'enflamme, (*m*) & produit une

(*m*) J'ai démontré dans le mémoire que j'ai lu cette
année à l'Académie, fur la manière de rendre le zinc
ductile par le laminage, que fi l'on expofe à la flamme
d'une bougie des filets très-déliés de zinc rubanné, ils
rougiffent, s'embrafent avec explofion, & produifent
une lumière verte, qui eft celle du zinc, & qui n'eft
point due au cuivre, comme l'ont voulu infinuer les
Auteurs du Mercure du mois de mai dernier.

vive

vive lumière colorée. J'ai reconnu que le plomb donnoit de la vivacité à la flamme du zinc.

Calcination du Zinc & du Bismuth.

J'ai mis un demi-gros de zinc & une demi-once de bismuth dans une coupelle sous la moufle ; une partie du zinc a brûlé en scintillant à la surface du bismuth ; l'autre s'est réduite en chaux, & a empêché le bismuth de se coupeller. Ce mélange de chaux & de verre métallique offroit différentes nuances de blanc & de jaune, & des cavités *infundibuliformes*, comme certaines espèces de lichen ; sur cette surface il s'élevoit aussi de petits cônes striés terminés par des spirales.

Calcination de l'Antimoine par le moyen du Plomb.

L'antimoine n'empêche point la coupellation du plomb : ce demi-métal est rejeté circulairement sur les bords de la coupelle, où il forme un cercle élevé & frangé d'un blanc jaunâtre ; c'est un mélange de chaux absolue d'antimoine & de verre de plomb.

En coupellant ensemble une demi-once de

plomb & un demi-gros de régule d'antimoine, on voit qu'auſſitôt que le plomb fondu diſſout ce démi-métal, il s'excite une forte efferveſcence, & qu'il y a une partie de l'œuvre de rejetée çà & là, avec l'argent ou l'or ſi ce mélange métallique en contient : ce qui reſte de ces métaux paroît ſous forme de bouton ſur le baſſin de la coupelle.

Coupellation de l'Antimoine par le moyen du Biſmuth.

J'ai mis dans une coupelle vingt-quatre grains de régule d'antimoine avec deux gros de biſmuth. Lorſque ce mélange métallique a été fondu, il s'eſt excité une efferveſcence, & il y a eu des globules de régule d'antimoine qui ont été rejetés ; l'autre partie a été réduite à l'état de chaux par le biſmuth ; celle-ci eſt reſtée ſur la coupelle avec une partie de verre de biſmuth. Ce mélange offroit un émail d'un beau jaune, en rapport avec le *giallolino* ou jaune de Naples, dont la nuance étoit plus vive.

Coupellation du Cobalt par le *Plomb.*

Quoique la peſanteur ſpécifique du cobalt ſoit égale à celle de l'argent, ce demi-métal ſe

comporte bien autrement que l'argent, lorfqu'on cherche à le coupeller avec le plomb.
Les altérations que le cobalt éprouve par la
coupellation font différentes, fuivant l'état où
l'on a mis ce demi-métal dans la coupelle ; lorfqu'il eft en poudre, il gagne la furface du plomb
fondu, il la couvre, & empêche qu'il ne fe vitrifie : le cobalt fe convertit en fcories noires,
& le baffin de la coupelle eft ceint d'un cercle
vert.

Si le cobalt a été mis en morceau, il eft rejeté fur un des bords de la coupelle : le plomb
paffe bien, & les parois du baffin de la coupelle où le régule de cobalt s'eft fcorifié, prennent une couleur violette, qui eft celle de la
chaux de cobalt fondue fans addition ; mais fi
elle eft mêlée avec un verre quelconque, elle
y introduit une belle couleur bleue. Le verre
de plomb étant jaune, il n'eft donc point étonnant qu'on trouve un cercle vert fur le baffin
de la coupelle : cette couleur réfulte du mélange du bleu & du jaune.

Coupellation du Cobalt par le Bifmuth.

J'ai coupellé un mélange de dix grains de
cobalt & de deux gros de bifmuth ; celui-ci a

très-bien paffé, mais le cobalt a été rejeté fous forme d'une fcorie noirâtre & mamelonnée : le baffin de la coupelle avoit un cercle verdâtre.

Coupellation du Kupfernickel par le Plomb.

Les Suédois fe font efforcés de faire du *kupfernickel* un demi-métal fous le nom de *nickel*. M. Bergman convient cependant qu'il contient toujours du fer; mais en dernière analyfe, je crois qu'on doit confidérer le *kupfernickel* comme une de ces mines mixtes qui fourniffent, par la réduction, une maffe réguline compofée. En effet, on ne peut nier la préfence de l'arfenic, du fer, du cuivre & du cobalt dans la mine qu'on a défignée fous le nom de *kupfernickel*; celui de Biber m'a fourni de l'or, & celui de Bohême de l'argent.

Le plomb ne détermine que très-difficilement la vitrification du régule de *kupfernickel*, qui préfente différens effets fuivant la quantité qu'on en a mêlée avec le plomb. Lorfqu'il n'y en a que peu, ce métal paffe affez bien; & l'on trouve fur le baffin de la coupelle deux cercles verts de différentes nuances.

Si l'on a mis avec le plomb un morceau de

régule de kupfernickel qui foit à peu près dans le rapport du trentième du plomb, le kupfernickel eft rejeté fur les bords de la coupelle, & l'on trouve fur fon baffin des cercles verts.

Si l'on a mis dans un cornet de plomb du régule de kupfernickel en poudre, celui-ci vient nager à la furface du plomb fondu, & fe convertit en une fcorie vitreufe noirâtre. On trouve fur le baffin de la coupelle un cercle d'un beau vert : cette couleur eft due à la chaux de cobalt que contient le kupfernickel ; celle-ci, fe vitrifiant à l'aide du plomb, produit cet émail vert.

Coupellation du Kupfernickel par le Bifmuth.

Deux gros de bifmuth & dix grains de kupfernickel ayant été coupellés, le bifmuth a affez bien paffé ; la plus grande partie du kupfernickel a été fcorifiée, & l'autre a laiffé fur le baffin de la coupelle un cercle d'émail vert.

De l'Acide nitreux ou Eau-Forte.

Le principal agent pour le départ eft l'eauforte ; il faut qu'elle foit exempte d'acide marin.

On a cru jufqu'à préfent qu'il falloit qu'elle fût très-concentrée pour faire l'opération qu'on nomme *reprife*; mais on verra que c'eſt le plus sûr moyen de tomber dans des erreurs qui peuvent devenir de la plus grande importance.

La Cour des Monnoies, croyant trouver une méthode fimple pour rendre les eſſais uniformes, a ordonné qu'on fe ferviroit, dans toutes les Monnoies du Royaume, d'un même acide nitreux. Ces Magiſtrats adoptèrent d'abord l'eau-forte des Affinages; celle-ci marque à l'aréomètre (*n*) entre 43 & 44 degrés.

Quoique cette eau-forte contienne quatorze grains de cuivre par livre, elle eſt très-bonne d'ailleurs, & très-propre aux eſſais. Les Affinages vendoient cet acide cent fous la livre à la Cour des Monnoies; & il étoit même queſtion de la mettre à fix francs, quand M. Racle, Eſſayeur particulier des Monnoies, me demanda s'il y avoit un moyen d'avoir à meilleur marché une eau-forte pure & d'une égale force: je l'adreſſai à la manufacture d'acides de *Javelle* (*o*). On eſſaya en vain de retirer du nitre,

______

(*n*) On fait ufage, à la Cour des Monnoies, de celui qui eſt connu fous le nom de M. Baumé.

(*o*) Près de Paris.

par l'intermède de l'argile, de l'eau-forte concentrée à ce degré; c'eſt alors que j'indiquai le moyen de retirer l'acide nitreux du ſalpêtre, par l'intermède de l'huile de vitriol : cette méthode, plus facile & plus économique, a mis cette manufacture à portée de fournir à trois livres l'eau-forte concentrée à 44 degrés, que les Affinages vouloient vendre ſix livres.

La Cour des Monnoies fit procéder devant elle à la vérification légale de ces deux eſpèces d'eau-forte, le 21 décembre 1779; & c'eſt d'après l'identité des effets, qu'elle ſe détermina à ordonner l'emploi de celle de Javelle : c'eſt d'après le rapport de ces Magiſtrats, que l'Adminiſtration me témoigna, par écrit, le cas qu'elle faiſoit de mes travaux & de mes découvertes utiles.

Procédé pour obtenir l'Eau-Forte concentrée.

C'eſt à Glauber qu'on eſt redevable de la préparation des acides minéraux; il en fit d'abord myſtère, les vendit fort cher, & publia enſuite ſes procédés.

J'ai reconnu que pour obtenir l'acide nitreux concentré, il falloit verſer ſur du ſalpêtre raf finé & pulvérifé, deux tiers d'huile de vitriol (*p*) : ce mélange s'échauffe ; il s'en dégage de l'acide nitreux fous forme de vapeurs jaunâtres qui fe condenfent & tombent goutte à goutte dans le récipient. Cette diftillation a lieu fans feu pendant plufieurs heures, & il faut attendre qu'elle ait ceffé pour chauffer la cornue ; ce n'eft qu'au bout de douze heures que je mets le feu dans le fourneau de réverbère.

La chaleur néceffaire pour opérer la décompofition du nitre, par l'intermède de l'huile de vitriol, ne doit point excéder le terme de l'eau bouillante : les deux tiers de l'acide nitreux fe dégagent de cette manière ; il faut enfuite augmenter le feu, mais être attentif à le fupprimer lorfqu'il paffe dans le récipient des vapeurs blanches : celles-ci font de l'acide fulfureux ; c'eft pourquoi il faut changer alors de récipiens.

Une livre de falpêtre produit, par cette opération, neuf onces d'acide nitreux d'une belle couleur jaune : fi cet acide n'eft point rutilant, c'eft qu'il n'y a point affez de principe inflammable dans le falpêtre pur, pour donner une

---

(*p*) L'huile de vitriol que j'emploie pèfe une once fept gros dans un flacon qui contient une once d'eau diftillée.

couleur rouge à l'eau-forte. On ne peut, ni on ne doit juger de la qualité de l'acide nitreux par sa couleur, mais par sa pesanteur; celui qu'on obtient par le procédé que je viens de décrire, pèse une once quatre gros dans un flacon qui contient une once d'eau distillée : l'acide nitreux rutilant que j'ai obtenu par la distillation du salpêtre & du vitriol martial calciné, ne pèse point davantage.

Le résidu de la décomposition du nitre par l'huile de vitriol, est blanc ; c'est du tartre vitriolé avec excès d'acide. Il faut avoir attention que la cornue qu'on destine à la distillation de ce mélange, soit assez grande pour contenir deux fois autant de matières, parce que ce mélange devient fluide, bout, se boursouffle, & qu'il passeroit par le col de la cornue sans se décomposer.

Il faut avoir soin de précipiter l'eau-forte obtenue par le procédé que je viens d'indiquer, parce qu'elle contient souvent de l'acide vitriolique.

Précipiter l'eau-forte, c'est y verser de la dissolution de nitre lunaire. L'acide marin & l'acide vitriolique qui se trouvent dans l'acide nitreux se combinent avec l'argent, & se précipitent au fond de l'eau-forte sous la forme d'un *magma blanc.* Il faut verſer dans l'eau-forte de la diſſolution d'argent, juſqu'à ce qu'il ne ſe faſſe plus de précipité : il eſt même à propos d'y mettre un excès de nitre lunaire, & de diſtiller enſuite cet acide pour le ſéparer de l'argent. L'eau-forte qui paſſe dans les récipiens eſt blanche & limpide : cet acide nitreux entraînant ordinairement quelques portions d'argent, on ne peut l'en ſéparer que par une ſeconde diſtillation. L'eau-forte qu'on obtient alors eſt très-pure, ayant la limpidité de l'eau diſtillée, & plus d'énergie que celle qui eſt rutilante, & qu'on nomme *eſprit de nitre flammifere.*

L'acide nitreux limpide peut ſe colorer par la moindre portion de phlogiſtique qui le rend d'abord jaune ; s'il en contient plus, il prend une couleur rouge : ſi dans cet état on le mêle avec un tiers d'eau diſtillée, il prend une couleur verte d'émeraude ; ſi l'on ajoute encore un quart d'eau, il devient bleu ; ſi l'on en met beaucoup plus, les couleurs diſparoiſſent, & l'acide nitreux redevient limpide.

M. Scheele a obſervé que l'acide nitreux le plus limpide ſe coloroit dans le flacon où il étoit renfermé, quand on l'expoſoit aux rayons du ſoleil.

Je pense que de toutes les méthodes indiquées pour extraire l'acide nitreux du salpêtre, on doit donner la préférence à celle que je viens de décrire, parce qu'elle est la plus facile & la plus économique.

Le procédé que donne Schindlers pour obtenir une bonne eau-forte en peu de tems, me paroît trop incertain pour qu'on puisse l'employer. « Il faut, dit cet Auteur, *page 24 de l'Art d'essayer les Métaux*, » mêler ensemble » trois livres de vitriol martial calciné, une » livre & demie de salpêtre & cinq livres de » chaux vive, & distiller ensuite ce mélange » dans une cucurbite. »

Manière dont se prépare l'Eau-Forte des affinages de Paris.

Pour faire le départ, on dissout l'argent tenant or dans de l'eau-forte, dont on précipite ensuite l'argent par le moyen du cuivre. Pour retirer ce dernier métal, & extraire l'acide nitreux avec lequel il est combiné, on fait évaporer la dissolution de nitre cuivreux dans des bassines de cuivre; lorsqu'elle est rapprochée au point de fournir des cristaux, on la met dans de grands pots de grès qui ont environ trente pouces de haut fur neuf de diamètre ; on adapte à ces efpèces de cucurbites des chapiteaux de grès : on difpofe une vingtaine de ces alambics fur une galère ; on adapte au bec des chapiteaux de très-grandes cornues de grès pour fervir de récipiens ; on procède enfuite à la diftillation, ayant foin de féparer le phlegme acidule qui paffe en premier : lorfque cette eau de criftallifation du nitre cuivreux s'eft dégagée, l'acide nitreux paffe, & prend une couleur d'un jaune verdâtre : cette eau-forte eft très-concentrée, & marque à l'aréomètre entre 43 & 44 degrés.

On trouve au fond des cucurbites le cuivre fous la forme d'une poudre noirâtre : pour reporter cette chaux à l'état métallique, on la jette pêle-mêle avec du charbon dans un fourneau à manche, où l'on anime le feu par des foufflets. Lorfque la caffe contient affez de cuivre en fufion, on prend ce métal avec des cuillers de fer pour le verfer dans des moules ou lingotières, où il fe divife en plaques de huit ou neuf pouces de longueur fur quatre ou cinq de largeur, & douze ou quinze lignes d'épaiffeur ; on les emploie enfuite pour précipiter l'argent.

En diſtillant dans une cornue de verre (*q*) une livre de l'eau-forte des Affinages, j'ai trouvé au fond de ce vaiſſeau quatorze grains d'une eſpèce de malachite. Quoique l'acide nitreux que j'avois obtenu par cette diſtillation fût blanc & limpide, il contenoit cependant encore du cuivre; ce que j'ai vérifié en le diſtillant une ſeconde fois : les parois de la cornue ſe trouvèrent encore enduites d'un peu de malachite.

L'eau-forte retirée par la diſtillation du nitre cuivreux eſt auſſi concentrée que celle qu'on peut obtenir du ſalpêtre par l'intermède de l'acide vitriolique, ou du vitriol martial calciné. On a cru à tort qu'il falloit un acide auſſi concentré pour faire la repriſe du cornet : les expériences qui ſuivront feront connoître que, dans cet état, l'eau-forte a de l'action ſur l'or, & rend l'eſſai incertain.

D'ailleurs l'acide nitreux étant ainſi concentré, eſt flammifère; ce qui nuit beaucoup pour ſon tranſport : voici un fait qui le démontre. M. Racle allant en Béarn pour y vérifier des eſſais, emporta avec lui un flacon d'eau-forte des Affinages; on avoit eu ſoin de bien l'em-

---

(*q*) C'eſt au bain de ſable que je procède à la rectification de l'acide nitreux.

baller avec de la paille, &c. : dans la même caisse étoit une balance d'essai ; le tout fut mis sur la voiture. Arrivé à Orléans, on remarqua, dans l'auberge, qu'il sortoit de la fumée de la caisse ; la flamme s'annonça peu après ; on sortit de l'auberge la voiture, on la traîna dans la place publique, où, à force d'eau, on fit cesser le feu.

De l'Acide marin.

Quoique l'acide marin pur n'ait aucune action sur l'or, & qu'il n'en ait qu'une très-foible sur l'argent sous forme métallique, j'ai cru devoir rendre compte de l'effet de cet acide sur l'or laminé, dont il dissout une partie quand il n'a point été distillé sur du sel marin décrépité. J'ai fait part à l'Académie des observations suivantes, le 29 avril 1780.

MM. Scheele & Bergman ont avancé que l'acide marin, qu'ils nomment *déphlogistiqué*, différoit de l'acide marin ordinaire en ce qu'il dissolvoit l'or, & que cet acide produisoit cet effet en reprenant, dans ce métal, la portion de principe inflammable qui lui manquoit.

Pour préparer l'acide marin déphlogistiqué, j'ai introduit dans une cornue de verre deux onces de manganaife pulvérifée ; j'ai verfé deffus huit onces d'acide marin ; j'ai diftillé ce mélange : il s'en eft dégagé d'abord des vapeurs verdâtres, ayant l'odeur *vireufe* d'eau régale ; il a enfuite paffé de l'acide marin fans couleur.

L'efprit de fel que j'avois employé pefoit une once un gros trente-fix grains, dans un flacon qui contenoit une once d'eau (r) ; cet acide, après avoir été diftillé fur la manganaife, ne pefoit plus qu'une once cinquante-quatre grains, dans le flacon qui contenoit une once d'eau : la manganaife s'étoit donc emparée d'environ moitié des molécules acides de l'efprit de fel.

Le tableau comparé des expériences dont je vais rendre compte, fera connoître que l'acide marin a la propriété de diffoudre l'or ; mais que celui qu'on appelle *déphlogiftiqué*, quoique plus foible, en diffout une plus grande quantité.

J'ai tenu douze grains d'or laminé en digeftion pendant deux heures dans deux onces deux gros des trois efpèces fuivantes d'acide marin, ayant foin que la chaleur fût affez forte pour entretenir une légère ébullition ; j'ai en-

---

(r) Cet acide étoit jaune paille : on fait que cette couleur eft due à un peu de fer.

fuite lavé les lames d'or dans de l'eau diftillée, & les ai fait recuire ; leur furface s'eft trouvée dépolie & comme fablée, excepté les parties qui n'avoient point eu un égal contaƈt avec l'acide marin.

L'acide marin déphlogiftiqué a diffout douze trente-deuxièmes de grain d'or, & ce menftrue a pris une couleur jaune.

L'acide marin ordinaire a diffout onze trente-deuxièmes de grain d'or, & a pris une teinte jaune.

L'acide marin de M. Baumé étoit blanc & limpide ; ce Chimifte nous a dit l'avoir retiré du fel marin calcaire ; il l'avoit étiqueté *acide marin très-pur;* cependant il a diffout dix trente-deuxièmes de grain d'or : ce même acide ne s'eft point fenfiblement coloré.

L'acide marin, dit *déphlogiftiqué,* contenant moitié moins de molécules acides que les ef-prits de fel dont j'ai fait ufage, il en réfulte que fi cet acide marin déphlogiftiqué étoit porté à une concentration égale, il diffoudroit une fois au moins plus d'or.

Ayant diftillé ces efprits de fel fur une partie de fel marin décrépité, l'acide que j'ai retiré avoit une couleur citrine, & n'avoit plus la propriété de diffoudre l'or, quoique ces mêmes

efprits

eſprits de ſel ayant été mêlés avec parties égales d'acide nitreux, aient formé de l'eau régale qui diſſolvoit très-promptement l'or.

D'après ces expériences, je crois pouvoir avancer que tout acide marin qui attaque immédiatement l'or laminé, doit cette propriété à un acide qui ſe trouve mêlé avec l'eſprit de ſel. On ſait qu'on peut retirer de la manganaiſe de l'acide méphitique, en la diſtillant ſans intermède : ce minéral recèle peut-être encore quelque autre acide ; ce que je ſuis porté à croire, parce que l'acide marin ayant été diſtillé ſur des chaux métalliques, acquiert la propriété de diſſoudre l'or comme celui qui a été diſtillé ſur la manganaiſe.

Ces expériences font donc voir que ce n'eſt point par privation de phlogiſtique que l'acide marin diſſout l'or, mais par l'union qu'il contracte avec quelque autre acide ; ce qui eſt rendu ſenſible par les effets de l'eau régale, qui n'eſt, comme on le ſait, qu'un mélange d'acide nitreux & d'acide marin, mélange qui a la propriété de diſſoudre l'or. Il faut au moins dix parties de ce menſtrue pour en diſſoudre une de ce métal. Si l'on fait évaporer cette diſſolution, l'acide nitreux s'exhale en partie : par le refroidiſſement, on obtient de beaux criſtaux

D

d'or octaèdres, jaunes & tranfparens; ils offrent quelquefois des prifmes tétraèdres. Ces criftaux ayant été defféchés, puis diffous dans de l'eau diftillée, & après en avoir précipité l'or par l'alkali fixe (*s*), j'ai fait évaporer la leffive, & je n'ai obtenu que du fel marin, ce qui avoit été obfervé par M. Bergman; & c'eft ce qui lui a fait mettre en avant, que dans l'eau régale il n'y avoit que l'acide marin qui portoit fon action fur l'or; ce qui n'avoit lieu que lorfque cet acide avoit été déphlogiftiqué par l'acide nitreux.

(*s*) Il y a cinq ou fix ans que, voulant faire voir à MM. Francklin & de Romé de l'Ifle le rapport qu'il y a entre la fulmination de l'or & celle d'une batterie électrique, je mis un demi-grain d'or fulminant dans des cuillers d'argent; la plupart ayant été chauffées, nous y apperçûmes une étincelle qui fut prefque auffitôt fuivie d'une lumière vive & d'explofion. Ce précipité d'or n'ayant point fulminé, mais feulement noirci dans plufieurs cuillers, j'attribuai cet effet à quelque corps gras, ce que je fis voir auffitôt, en mêlant un peu d'huile avec de l'or fulminant, que j'expofai au feu dans un creufet; il y noircit, & s'y raffembla en un globule qui avoit le brillant métallique: c'eft d'après cette expérience que j'ai indiqué, dans mes Cours, la manière de réduire l'or fulminant.

On distingue en Chimie deux espèces d'eau régale, une *simple*, & l'autre *composée;* la première se prépare par le mélange des acides nitreux & marin.

Quant à l'eau régale composée, je la prépare en mettant un cinquième de sel ammoniac dans de l'eau-forte à vingt-sept degrés; je fais digérer ce mélange à une douce chaleur; par le refroidissement, le sel ammoniac, qui n'a point été décomposé, se précipite sous forme de cristaux octaèdres, implantés les uns dans les autres; ces cristaux prennent une couleur jaune ou rouge, suivant la quantité de fer que le sel ammoniac contenoit.

Du Départ.

L'essai d'or, plus connu sous le nom de *départ*, est l'opération par laquelle on parvient à déterminer le titre de l'or, par l'intermède de l'argent & de l'acide nitreux. Le succès de cette opération dépend de la quantité & de la concentration de l'eau-forte qu'on a employée pour dissoudre l'argent.

Il faut être très-attentif à n'employer que de l'argent qui ne contienne point d'or; je ne connois que l'argent réduit de la lune cornée qui en foit parfaitement exempt : pour la reporter à l'état d'argent, il faut la fondre avec fix parties de flux noir & un peu de poudre de charbon ; fi on employoit moins de flux, une portion de l'argent corné fe volatiliferoit.

Le mélange de l'or & de l'argent deftinés au départ exige beaucoup de foin, pour qu'il ne fe perde point d'or. Les proportions de ce mélange métallique ne font point indifférentes. Quoique les noms d'*inquart* ou de *quartation*, qu'on lui a donnés, indiquent que l'or doit s'y trouver dans la proportion du quart, on s'eft écarté de cette proportion, parce qu'alors, dit-on, le cornet eft trop ouvert, & qu'il fe déchire facilement (*t*).

Quoiqu'on pût parvenir aifément à mêler intimement l'or & l'argent en les fondant dans un creufet, on n'emploie pas ce moyen, parce qu'il pourroit adhérer une portion de ces mé-

---

(*t*) Si l'or n'étoit point mêlé avec une quantité convenable d'argent, l'acide nitreux n'auroit point d'action fur ce dernier métal. Deux parties d'or fondues avec une partie d'argent forment l'*or vert* des Bijoutiers, que l'eau-forte n'attaque point. Si le mélange d'or & d'argent eft d'un gris blanc, il forme l'*electrum* des anciens.

taux aux parois du creuset, ce qui influeroit sur le retour de l'essai; c'est pourquoi on a recours à la coupellation de ces métaux pour en opérer le mélange.

Deux parties & demie d'argent contre une d'or m'ont paru le mélange le plus propre à composer le cornet d'essai. Je coupelle ces métaux avec quatre parties de plomb, en y procédant de la manière que j'ai indiquée *pag.* 13, car la méthode des Essayeurs peut être sujette aux inconvéniens suivans. On sait qu'ils font dans l'habitude d'attendre que le plomb soit en bain, pour y introduire l'or & l'argent qu'ils veulent coupeller, & qu'ils ont soin d'envelopper dans du papier; ils portent ce petit paquet dans le bassin de la coupelle, où le papier brûle & se charbonne. La litharge qui se trouve à la surface du plomb fondu, fait effervescence en se réduisant. De plus, dans l'instant où le plomb rouge de feu dissout l'or & l'argent, il y a une ébullition ou effervescence intestine qui peut rejeter des portions de l'*œuvre* : c'est d'après la connnoissance de ces faits que j'ai pris le parti de mettre dans un cornet fait avec le plomb destiné à la coupelle, les matières d'or & d'argent que je veux coupeller, parce qu'alors on ne court aucun risque.

Si la coupellation du mélange deftiné à l'effai a des avantages, il faut auffi faire connoître qu'elle a un inconvénient, puifque, pendant la coupellation, il y a une portion d'argent & un peu d'or d'abforbés par le plomb : on retire ces deux métaux en réduifant la *cendrée*, & en coupellant enfuite le plomb qu'on en a obtenu.

On nomme *cendrée* ou *caffe* les coupelles qui font imbues de litharge & d'une portion de fin qu'elles ont abforbée, laquelle eft en moins dans l'or ou l'argent de retour qu'on a foumis à cette opération.

Pour réduire ces cendrées, j'en fonds fix cents grains ou une once vingt-quatre grains, avec deux onces de flux noir & vingt grains de poudre de charbon ; la fufion eft complette, & la réduction faite dans l'efpace de dix minutes ; le culot de plomb pèfe trois gros foixante-fix grains, ce qui fait un produit net de quarante-fept livres de plomb par quintal de cendrée.

Cent livres de ce plomb ont produit deux onces trois gros foixante-un grains d'argent.

J'ai coupellé trente grains d'argent & douze grains d'or avec deux gros de plomb ; le bouton de retour s'eft trouvé diminué d'un fixième de grain ; ayant réduit la cendrée & coupellé le plomb que j'en ai retiré, j'ai obtenu un bouton d'argent pesant un sixième de grain; ayant dissous cet argent dans l'acide nitreux, l'or qu'il contenoit est resté au fond du matras, sous la forme d'une poudre noire : cette portion d'or est très-peu considérable, mais enfin elle est en moins dans le cornet du départ.

M. Tillet a donné en 1772, à l'Académie des Sciences, un Mémoire sur la quantité d'argent que retiennent les coupelles; ce qui est cause que le titre de ce métal est plus haut qu'il n'est annoncé, à cause de la portion de fin qui a été enlevée sur le grain de retour.

Voici comme s'exprime M. Tillet, *page 11* du Mémoire que je viens de citer.

« Je réduisis en poudre impalpable plusieurs
» coupelles chargées de litharge; je mêlai deux
» onces de cette poudre avec six onces de tartre
» blanc & trois onces de salpêtre raffiné; je mis
» ces matières ainsi mélangées dans un creuset
» d'Allemagne; je le couvris d'un autre creuset
» de la même espèce, & je les lutai avec soin,
» en ménageant en haut de celui qui servoit de
» chapiteau une issue pour les vapeurs du flux
» lorsqu'il détonneroit.

» La chaleur que je donnai d'abord au creu-
» set fut trop vive sans doute; peut-être aussi

» contenoit-il trop de matière pour la grandeur » dont il étoit. J'entendis une explosion sourde : » le creuset se cassa dans le commencement de » l'opération (*u*). »

M. Tillet rapporte qu'il fut plus heureux dans un second essai.

Depuis que la Chimie est éclairée, on ne fait plus usage du flux crud pour les réductions, parce qu'on a reconnu que, pendant sa détonnation, il se perdoit une partie de la matière qu'on vouloit réduire.

Pour mettre en cornet le bouton, qui est un mélange très-exact d'or & d'argent, il faut commencer par l'applatir sur un tas, & le recuire ensuite afin qu'il s'étende facilement au laminoir ; je fais recuire de nouveau cette feuille métallique, & je la roule en spirale sur une plume : le cylindre creux qui en résulte est nommé *cornet*. Il vaut mieux rouler les lames en spirales, que d'en former des couches concentriques, parce que, dans ce dernier cas, le cornet offre à l'acide nitreux moins de surface à-la-fois.

Pour opérer le départ ou la séparation de

(*u*) M. Tillet dit qu'il employa deux heures à chacune de ces opérations.

l'argent d'avec l'or, je mets le cornet dans un matras, puis je verse dessus six gros d'eau-forte à trente-deux degrés (*x*), que j'ai soin d'étendre d'un quart d'eau distillée : à peine le matras est-il échauffé, qu'il prend une couleur brunâtre. Il faut que la chaleur à laquelle on l'expose entretienne une légère ébullition, qui, dans ce cas, est l'effet de l'effervescence : aussi les globules sont-ils petits; ils grossissent quand ils ne sont que le produit de l'ébullition de l'acide. Il faut être attentif à ne point faire trop chauffer l'acide, parce que la plus grande partie s'exhaleroit avant d'avoir porté son action sur l'argent : quinze ou vingt minutes suffisent pour cette première opération.

On décante l'eau-forte qui est sur le cornet d'or, qui a beaucoup rapetissé & pris une couleur brunâtre; on procède ensuite à la reprise (*y*)

______

(*x*) Cet esprit de nitre est celui que j'ai précipité & rectifié; il marquoit trente-quatre degrés avant cette opération.

(*y*) La *reprise* est l'extraction des dernières portions d'argent que retient le cornet. La dose d'acide nitreux que j'emploie pour le départ, est cinq fois plus considérable que celle qui est réellement nécessaire pour dissoudre les trente grains d'argent qui sont mêlés avec les douze grains d'or.

par une once d'acide nitreux à trente-deux degrés ; on tient cet acide en digeſtion ſur le cornet
pendant quinze ou vingt minutes : il eſt inutile
de faire bouillir cet acide ; il ſuffit qu'on ap-
perçoive un peu de frémiſſement à ſa ſurface.
Si, au lieu d'avoir recours à la *repriſe*, on lavoit
le cornet après l'avoir paſſé dans le premier
acide, & qu'enſuite on fît recuire au rouge
cet or, ce ſeroit en vain qu'on reporteroit ce
cornet dans une eau-forte quelconque, pour
en retirer les dernières portions d'argent. On
décante enſuite cette eau-forte, & on lave le
cornet dans de l'eau diſtillée, juſqu'à ce qu'elle
ne contracte plus de ſaveur acide ; on expoſe
enſuite le cornet dans un creuſet, à un degré
de chaleur propre à le faire rougir ; par ce recuit, il prend une belle couleur d'or. On reporte le cornet à la balance, & le poids qu'il
préſente indique à quel titre étoit l'or qu'on a
eſſayé : mais il faut au préalable ne point employer une plus grande quantité d'acide nitreux,
mais ſur-tout que cet acide ne ſoit point trop
concentré, parce qu'il diſſoudroit de l'or ; ce
qui eſt démontré par les expériences qu'a faites
M. Tillet, le 23 décembre 1779, devant MM.
les Commiſſaires de la Cour des Monnoies.

Il fit bouillir pendant douze ou quinze minutes (z) son cornet dans une once deux gros d'eau-forte faite avec un tiers d'acide nitreux à quarante-quatre degrés, & deux tiers d'eau ; après avoir décanté cette eau-forte, il remit sur son cornet une once trois gros d'eau-forte faite avec deux parties d'acide nitreux à quarante-quatre degrés, & un tiers d'eau ; après douze ou quinze minutes d'une forte ébullition, M. Tillet décanta cet acide, & remit sur son cornet une once & demie d'eau-forte à quarante-quatre degrés, qu'il tint en ébullition pendant dix ou douze minutes. Les cornets ayant été lavés & recuits se trouvèrent peser deux trente-deuxièmes de grain de moins : c'est donc une perte réelle d'un seizième de grain ; ce qui représente par marc d'or vingt-quatre grains de ce métal, ou quatre livres huit sous.

M. Tillet n'auroit point éprouvé constamment cette perte dans ces deux essais, s'il n'eût pas employé une fois plus d'acide qu'il n'en falloit, & si son eau-forte de reprise n'eût point été aussi concentrée.

(z) J'annonçai alors à M. Tillet la perte qu'il auroit s'il procédoit ainsi qu'il le proposoit, & je dis aux Magistrats que cette méthode étoit vicieuse.

M. Tillet n'employa point, pour faire ces expériences devant MM. les Commiffaires, le moyen qu'il avoit indiqué dans un Mémoire qu'il a lu à l'Académie en 1779, & qui a été imprimé féparément dans la même année, au Louvre; il a pour titre, *Moyen nouveau de faire avec exactitude, & tout à-la-fois, le départ de plufieurs effais d'or dans un feul & même matras.*

Ce nouveau moyen, propofé par M. Tillet, eft de mettre les cornets faits avec l'or & l'argent dans des étuis d'or gris perforés à leurs extrémités; il place enfuite ces étuis dans un matras, d'où il les retire à volonté, à l'aide d'un fil d'or qui eft attaché à une de leurs extrémités.

M. Tillet dit, *pag. 78 & 69* de ce Mémoire : « Quoiqu'on réuffiffe ordinairement à faire le » départ en fe fervant d'un efprit de nitre bien » concentré, qu'on affoiblit d'abord par une » égale quantité d'eau de rivière, afin qu'il » n'attaque point avec trop de violence les » cornets d'effais, & qu'on emploie enfuite » dans toute fa force pour achever le départ, » j'ai cependant remarqué qu'on obtient un » fuccès plus conftant de l'emploi d'un pareil » efprit de nitre, lorfqu'on s'en fert à trois re- » prifes, & en graduant fa force.

» Lorfqu'un des cornets, lavé & recuit, an-
» nonce par fon poids que le départ eft ter-
» miné, on décante l'efprit de nitre; on lave
» dans le matras même, & à plufieurs reprifes,
» les autres étuis : lorfque *l'eau (aa) y a repris*
» *toute fa tranfparence*, on la verfe entièrement
» & feule, fi l'on veut d'abord, pour faire glif-
» fer enfuite les étuis le long du col du matras,
» les recevoir dans la main, & les faire tomber
» dans un vafe plein d'eau, à la furface de la-
» quelle nage une rondelle de liège qui s'oppofe
» à la chute trop précipitée de ces étuis. On
» range enfin ces étuis l'un à côté de l'autre dans
» une petite boîte d'argent de deux pouces de
» largeur en tout fens, de quatre à cinq lignes
» de profondeur, à laquelle on adapte un cou-
» vercle, mais qui n'eft fermée que de trois
» côtés; la bordure d'un de ces côtés, qu'on
» a tenue plus haute que celle des deux autres
» côtés fermés, eft repliée horizontalement,
» & forme une faillie extérieure qui donne la

(*aa*) L'eau de rivière contient toujours du fel marin
à bafe terreufe & de la félénite; ces fels décompo-
fent le nitre lunaire; l'argent refte fufpendu dans l'eau,
trouble fa tranfparence; une partie eft en pure perte,
l'autre tapiffe les parois des pores du cornet.

» facilité de faifir avec une pince la boîte de
» tôle, & conféquemment d'enlever la boîte
» d'argent qu'elle contient, lorfqu'on veut re-
» tirer l'une ou l'autre du feu. »

M. Tillet continue en difant : « C'eft dans
» une boîte ainfi difpofée, mife au milieu de
» quelques charbons allumés, & dans un petit
» efpace, qu'on peut donner un recuit prompt
» à douze & à vingt-quatre étuis à-la-fois. »
Il termine ce Mémoire en difant que ce nouveau moyen d'opérer le départ *eft plus fimple
& plus court que celui qui eft ufité.*

M. Tillet n'a pas eu la fatisfaction d'en per-
fuader les Effayeurs, ni la Cour des Monnoies
qui lui a enjoint de ne point publier fon ouvrage, quoiqu'il eût trouvé le moyen de le
faire imprimer au Louvre. Un fecond Mémoire
qu'il a encore publié depuis a été également
fupprimé, quoiqu'il foit imprimé parmi ceux
de l'Académie. Dans un art auffi important
que celui des effais, on ne fauroit être trop
circonfpect.

S'il eft des cas en Chimie où une précifion
prefque mathématique foit néceffaire, & où
l'on ne doive rien négliger pour y parvenir,
c'eft fur-tout lorfqu'il faut conftater le titre de
l'or. Ce métal, obtenu par le départ, ne peut

point être regardé comme porté au plus haut degré de pureté, puifque le cornet retient toujours plus ou moins d'argent : il eft donc de la plus grande conféquence de conftater la quantité d'argent dont le cornet d'or eft furchargé ; ce qui s'opère par le moyen de l'eau régale.

Schindlers & Schlutter ont prétendu qu'il falloit rabattre, fur le poids du cornet, un vingt-quatrième ou même un douzième de karat, parce qu'il y refte une petite portion d'argent qu'ils nomment *interhalt* ou *furcharge* ; M. l'abbé Fontana dit qu'elle n'équivaut qu'à un foixante-quatrième de grain.

MM. Hellot, Macquer & Tillet ont nié la furcharge en 1763, comme on peut le voir dans le Mémoire qu'ils ont publié parmi ceux de l'Académie pour cette même année : voici comment ils s'expriment *pag. 13 & 14.* « Après » avoir fait le départ de douze grains d'or & » de vingt-quatre grains d'argent, l'or ne s'eft » trouvé qu'à vingt-trois karats trente trente- » deuxièmes (*bb*) ; il fe feroit trouvé d'un ou

---

(*bb*) Il y a lieu de préfumer que les deux trente-deuxièmes de grain qui manquoient à l'effai de ces Meffieurs, ont été enlevés par l'acide nitreux, ou que leur or n'étoit point pur.

" deux trente-deuxièmes plus haut, s'il étoit
" reſté dans le cornet une ſurcharge d'argent. "
Ils finiſſent par conclure " que la méthode d'eſ-
" ſayer l'or par celle du cornet, eſt auſſi ſûre que
" celle par laquelle l'or eſt réduit en chaux ;
" que l'un & l'autre ſont délivrés de tout al-
" liage, & par conſéquent très-purs. "

Si ces Meſſieurs euſſent vérifié le titre de
l'or par l'eau régale, ils n'auroient point infirmé
les expériences de Schindlers, & ils auroient
reconnu que l'or en cornet retient toujours un
peu d'argent, & que celui des Affinages, qu'on
vend ſous le nom d'*or en chaux*, en contient un
peu plus.

Pour apprécier d'une manière exacte la quantité d'argent qu'a retenu l'or de départ, il faut
le faire diſſoudre dans douze parties d'eau régale, & laiſſer refroidir la diſſolution ; ce n'eſt
ſouvent qu'au bout de douze heures que l'argent corné ſe précipite ſous la forme d'une
poudre blanche : on trouve quelquefois au fond
du matras de très-petits criſtaux d'or en parallé-
lipipèdes de couleur rouge-brune. Si l'on étend
avec de l'eau diſtillée cette diſſolution d'or, elle
devient laiteuſe ; les criſtaux d'or ſe diſſolvent :
ſi l'on chauffe cette diſſolution, elle reprend ſa
couleur jaune & ſa tranſparence ; il n'y a que
l'argent

l'argent corné qui reſte au fond du matras : en peſant cette lune cornée après l'avoir fait ſécher dans un verre de montre, on peut facilement apprécier la quantité d'argent que contenoit l'or, puiſque l'argent corné en poudre ne contient qu'un quart d'acide marin.

Les expériences dont je viens de rendre compte, font connoître que la coupellation pour l'inquart entraîne une portion d'or, & que le cornet d'or retient une portion d'argent ; ce qui fait qu'on ne peut apprécier cette ſouſtraction, parce que la quantité d'argent que le cornet retient, équivaut à celle de l'or qui a été enlevé : mais ſi l'on a employé de l'eau-forte trop concentrée & en trop grande quantité, on diſſout alors une portion d'or plus ou moins conſidérable.

Les expériences par leſquelles M. George Brandt a prouvé que l'eau-forte diſſolvoit l'or (expériences que ce Chimiſte a répétées le 5 mars 1748, en préſence du roi de Suède & de l'Académie), ſont aſſez poſitives pour ne laiſſer aucun doute ſur ce fait, que M. Bergman a confirmé depuis, & que l'expérience journalière nous prouve d'une manière inconteſtable ; cependant M. Tillet a voulu infirmer ces expériences, & a mis en avant que l'acide nitreux ne diſſolvoit point l'or, quoique je lui euſſe fait, en préſence de M. le baron de Maiſtre & de M. Chaptal, des expériences qui auroient dû lui démontrer cette importante vérité. Une de ces expériences, contre laquelle on ne peut revenir, a été faite, en préſence de l'Académie & de M. Tillet, avec de l'acide nitreux de MM. Baumé & Cornette, & avec celui que j'avois purifié, tous marquant 42 degrés à l'aréomètre. Elle conſiſte à mettre bouillir dans une cornue douze grains d'or pur laminé très-fin, avec deux onces & demie de cet acide ; quand celui-ci eſt réduit au tiers, on le décante : après avoir lavé & recuit le cornet, on le pèſe, & l'on trouve qu'il a diminué d'un ſoixante-quatrième de grain, & le plus ſouvent d'un trente-deuxième. Dans trois eſſais de cette eſpèce que j'ai faits en préſence de M. Tillet & de la claſſe de Chimie de l'Académie, le 3 mai 1780, deux des cornets ont diminué d'un trente-deuxième de grain, & l'autre d'un ſoixante-quatrième.

Il eſt important pour cette expérience de faire préſenter beaucoup de ſurface à la lame d'or ; car, ſi elle n'en offre que peu, l'acide nitreux concentré, & en très-grande quantité, n'en diſſout pas ſenſiblement, comme le prouve l'expérience suivante, qui a été faite le même jour. On a fait bouillir, dans une livre d'eau-forte à 42 degrés, vingt-quatre grains d'or de M. Tillet, lesquels formoient une lame roulée sur elle-même, de manière à n'offrir que très-peu de surface. On retira environ un quart d'acide par la distillation; & l'or ayant été lavé, recuit & pesé, n'a pas éprouvé de diminution sensible.

Si l'or présente au contraire beaucoup de surface, comme dans le cornet de départ ou dans l'or dit en chaux, chaque once d'acide nitreux à 42 degrés en dissoudra un trente-deuxième de grain; ce qui présente la dissolution de moitié plus d'or.

J'ai fait bouillir un cornet de départ (*cc*), pesant douze grains, dans deux onces d'acide nitreux à 42 degrés (*dd*), jusqu'à ce que les trois quarts de l'acide eussent passé dans le récipient; j'ai décanté l'eau-forte qui étoit dans la cornue; j'ai lavé, recuit & pesé le cornet, & j'ai trouvé qu'il avoit diminué de deux trente-

---

(*cc*) Moins le cornet a été recuit , plus il est po-reux, & plus l'acide nitreux dissout d'or.

(*dd*) Ayant employé de l'acide nitreux à 47 degrés, il s'est dissout une bien plus grande quantité d'or.

deuxièmes de grain ; d'où résulte une perte
équivalente au 192e : cette perte est relative à
24 grains d'or par marc de ce métal.

Cet acide nitreux, qui tenoit l'or en dissolution, ayant été examiné au microscope, n'a
point laissé appercevoir de molécules d'or ; ce
qui n'auroit pas manqué, si l'or y eût été seu-
lement suspendu : si on laisse cette dissolution
d'or s'évaporer à l'air, ou si on l'expose au feu
pour en séparer l'acide, l'or reparoît sous forme
métallique.

Pour démontrer que l'or est tenu en dissolution dans l'acide nitreux, j'ai employé l'expérience de Brandt. J'ai fait dissoudre un demi-
gros d'argent pur dans une once d'acide nitreux, qui tenoit de l'or en dissolution ; cet acide
s'est troublé, & a pris une couleur rougeâtre.
A mesure que les molécules d'or se font ras-
semblées pour former des flocons, la liqueur
s'est éclaircie : j'ai décanté cette dissolution
d'argent, lavé & recuit l'or en flocons, qui a
repris le brillant métallique.

M. Brandt a observé que l'eau-forte qui tient
en dissolution de l'or, a une couleur jaune, &
qu'elle laisse tomber, au bout de quelque tems,
de l'or sous la forme d'une poudre brune ; d'où
il conclut que ce dissolvant ne s'unit que foiblement à l'or.

Quoiqu'il faille une once d'eau-forte à 42 degrés pour diffoudre un trente-deuxième de grain d'or, on peut rapprocher cet acide juf-qu'au quart de fon poids, fans que l'or s'en fé-pare; l'eau-forte prend alors une teinte ambrée, & dépofe, au bout de trois femaines, fur les pa-rois du flacon, un peu de pourpre minéral. On voit nager à la furface de l'acide nitreux, une pellicule d'or qui a fon brillant métallique; elle fe précipite d'elle-même fous forme de flocons.

Si l'on diftille jufqu'à ficcité la diffolution d'or dans l'acide nitreux, ce métal refte au fond de la cornue fcus forme métallique.

Lorfqu'une once d'acide nitreux concentré ne contient qu'un trente-deuxième de grain d'or, & qu'on n'a précipité ce métal que par vingt-quatre grains d'argent, l'or fe rediffout dans l'acide quand il refroidit; en y remettant cinq ou fix grains d'argent, & le faifant chauf-fer, l'or reparoît, pour difparoître par le refroi-diffement. J'ai fait voir cette expérience à MM. Tillet & Lavoifier le 24 avril, lorfqu'ils vin-rent dans mon laboratoire avec la claffe de Chimie de l'Académie.

Manière d'affiner l'Or, & d'éviter les pertes qu'entraîne ordinairement cette opération (ee).

Pour extraire les dernières portions d'argent que retient l'or de départ, connu fous le nom d'*or en chaux*, on emploie, aux Affinages, le moyen fuivant. On fait bouillir trente marcs de cet or pendant quatorze ou quinze heures, avec feize ou dix-fept livres d'acide nitreux à 43 degrés. Cette opération fe fait dans des cucurbites ; l'eau-forte réduite en vapeurs s'exhale dans l'atmofphère : lorfqu'on a ainfi diffipé, par la décoĉtion, plus des trois quarts de l'acide, on retire les cucurbites du feu, on décante l'eauforte, & l'on met l'or dans des terrines ; après l'avoir bien lavé, on le fait fécher pour le fondre.

Cet acide nitreux de reprife tient en diffolution de l'argent, du cuivre & de l'or.

J'ai effayé de cet acide nitreux de reprife, qui tenoit en diffolution un demi-grain d'or par once ; d'autre ne m'en a produit, par once, que quatre trente-deuxièmes de grain.

(*ee*) J'ai envoyé ces obfervations à M. Necker le 16 mai 1780.

J'ai mis une goutte d'eau-forte de reprife des Affinages fur une lame de verre ; je l'ai examinée au microfcope de Dellebare ; je n'ai rien apperçu dans ce fluide : fi l'or y eût été tenu fimplement fufpendu, on l'auroit vu fluitant. J'ai expofé cette lame de verre fur du feu ; l'eau de diffolution s'étant évaporée (ff), j'ai examiné au microfcope ce réfidu falin, & j'y ai apperçu des dendrites tranfparentes de la plus grande élégance, & fur les extrémités, des criftaux triangulaires tranfparens, d'une teinte différente ; ayant chauffé plus fortement la lame de verre, ces criftaux triangulaires ont pris une couleur jaune & opaque, tandis que les dendrites formées par le nitre lunaire, n'ont pris qu'une teinte grife, fans ceffer d'être tranfparentes : on remarquoit alors çà & là des taches noirâtres qui me paroiffent dues à la portion de chaux de cuivre contenue dans l'eau-forte de reprife des Affinages.

C'eft de cette dernière expérience dont s'eft étayé M. Tillet, pour dire que l'or n'étoit point diffous, mais feulement fufpendu dans l'acide

---

(ff) Lorfque l'évaporation fe fait à l'air libre, l'eau-forte de reprife préfente les mêmes effets.

nitreux : je laiffe aux Phyficiens & au Public inftruit à juger le fait.

Sans s'arrêter à la quantité d'or plus ou moins confidérable que l'acide nitreux diffout & enlève à la maffe, la perte que l'on fait de cet acide mérite la plus grande attention, puifqu'elle repréfente une fomme affez confidérable. Les Affinages vendoient, l'année dernière, à la Cour des Monnoies, cent fous l'acide nitreux qu'ils emploient pour cette opération : en fuppofant qu'ils ne perdent que douze livres d'eau-forte fur feize, c'eft donc une perte réelle de vingt écus ; mais, comme les dix-fept livres d'eau-forte font quelquefois réduites à deux, on éprouve alors une perte de quinze livres d'eau-forte, ce qui repréfente une fomme de foixante-quinze livres.

On peut éviter cette perte d'acide nitreux, en adaptant des chapiteaux & des récipiens aux cucurbites dans lefquelles on fait la décoction de l'or. Cette opération fe feroit très-commodément, en conftruifant pour cet effet une galère, avec un bain de fable femblable à celui où l'on rectifie l'acide vitriolique à Javelle.

L'eau-forte qu'on retireroit par ce moyen feroit propre à une autre reprife ; il n'y auroit pas fenfiblement de cet acide de perdu, & celui qu'on obtiendroit auroit même l'avantage de ne plus contenir de cuivre.

Par un procédé aussi simple, on épargneroit beaucoup de combustible ; on ne perdroit point d'acide ; &, ce qu'on doit compter pour quelque chose, c'est qu'on n'empoisonneroit point le voisinage par l'acide nitreux qui se trouve répandu dans l'atmosphère.

On fait ordinairement chaque année, aux Affinages, le départ de quarante mille marcs d'argent (*gg*) tenant or, & l'on y affine environ cinq ou six mille marcs d'or. On emploie à cet effet huit onces d'eau-forte à 43 degrés pour chaque marc d'or ; ce qui fait la consommation de trois mille livres de cet acide, dont on laisse évaporer les trois quarts dans l'atmosphère : c'est donc deux mille deux cents cinquante livres pesant d'eau-forte de perdue, ce qui représente une perte réelle de onze mille cinq cents livres. Ce même acide pouvant être

---

(*gg*) On prend cinquante-six sous par marc d'argent tenant au dessous de trois cents grains d'or ; lorsqu'il en contient davantage, l'excédent se paie sur le pied de huit livres par marc : c'est le prix qu'on paie pour l'affinage du marc d'or.

Pour affiner l'argent, on prend seize sous par marc.

de nouveau employé aux effais, il en réfulte-
roit, pour les Affinages, un avantage réel de
plus de trente mille livres, & le quartier ne feroit point infecté par cet acide.

Si l'argent qui eft employé pour faire les
monnoies contient toujours de l'or, c'eft que
l'acide nitreux qu'on emploie pour faire le départ, diffout de l'or; d'ailleurs on reporte à la
précipitation par le cuivre l'eau-forte de reprife
qui contient de l'or & de l'argent; ces deux métaux fe précipitent par le même intermède : il
fera donc de l'intérêt des Affineurs de précipiter en premier de l'eau-forte de reprife, l'or
par le moyen de l'argent.

Précipitation de l'Argent par le Cuivre, ou réduction de ce métal par la voie humide.

Les fubftances métalliques diffoutes dans les
acides, y font dépouillées du principe métalli-
fant, qui eft un vrai phofphore. Si l'on met
dans une diffolution d'argent faite par l'acide
nitreux une lame de cuivre, la chaux d'argent,
plus pefante que la terre du cuivre, s'empare
du principe qui métallifoit cette dernière, &
l'argent criftallife en beaux prifmes tétraèdres

blancs, brillans, quelquefois articulés & croisés comme les dendrites d'argent vierge. Pour que cette cristallisation ait lieu, il faut qu'il n'y ait point excès d'acide, & que la plaque de cuivre occupe le fond du vase. L'argent précipité par le cuivre est plus ordinairement sous la forme d'une poussière feuilletée & grisâtre.

Pour enlever la portion de nitre cuivreux qui pourroit rester à la surface du précipité d'argent, qu'on nomme *chaux d'argent* dans le commerce, il faut la laver dans de l'eau distillée, jusqu'à ce qu'elle ne contienne plus de cuivre ; ce qu'on reconnoît aisément, en versant dans cette eau de lotion quelques gouttes d'alkali volatil, qui lui fait prendre la plus belle couleur bleue si elle contient du cuivre.

L'argent précipité de l'acide nitreux par le cuivre peut être porté à douze deniers, si l'on a eu soin, après l'avoir bien lavé, de le mettre en digestion avec de l'alkali volatil, qui dissout le peu de cuivre qu'il auroit pu retenir.

Pour s'assurer si le nitre cuivreux ne contient point d'argent, il faut y verser quelques gouttes d'acide marin ; cet acide s'empare de l'argent, & se précipite avec lui sous forme de flocons blancs, qu'on nomme *lune cornée :* celle-ci devient bientôt noirâtre.

Quoique j'aie dit, dans le paragraphe précédent, que l'argent précipité par le cuivre pouvoit être porté à un degré de pureté semblable à celui de l'argent de coupelle, cependant on doit donner la préférence à ce dernier, qui ne contient point de cuivre, lorsqu'on a employé assez de plomb pour pouvoir le vitrifier ; mais comme cet argent peut contenir de l'or, il faut préférer, pour les essais, l'argent qu'on a retiré de la lune cornée. Si l'on coupelle de cet argent, qui est le plus pur connu, le bouton de retour se trouve avoir perdu de son poids à raison de l'absorption de l'argent par la coupelle ; d'où il résulte que, si on avoit recours à la coupellation pour apprécier le titre de cet argent, qui est le plus pur, il ne reviendroit point au titre de douze deniers : aussi n'annonce-t-on point, dans le commerce, de l'argent à ce titre.

L'or peut être précipité de l'eau régale sous forme métallique, par l'intermède du cuivre ; mais il n'affecte point, en se précipitant, une forme régulière, comme l'argent qu'on a séparé de l'acide nitreux par le cuivre. J'ai étendu de quatre parties d'eau distillée, de l'or dissous dans l'eau régale ; j'ai mis dans cette dissolution une lame de cuivre bien décapée ; vingt-quatre heures après, j'ai trouvé au fond du vase une poudre d'un rouge brun, & à la surface de l'eau, des follicules d'or avec leur brillant métallique.

Pour enlever le cuivre qui peut être mêlé avec ce précipité d'or, il faut le laver dans de l'eau distillée, jusqu'à ce qu'elle en sorte sans être colorée; il faut ensuite mettre cet or en digestion dans de l'alkali volatil, jusqu'à ce qu'il ne communique plus à celui-ci une couleur bleue. Ce précipité d'or ayant été recuit dans une tasse de porcelaine, y a pris une couleur d'un rouge brun; ayant ensuite été fondu, puis dissous dans de l'eau régale, il a laissé précipiter de l'argent corné : mais, comme cet or ne contenoit point d'argent avant cette opération, il y a lieu de présumer que ce dernier métal a été fourni par le cuivre.

L'or que j'ai employé avoit été purifié de la manière suivante, qui me paroît préférable à toutes les autres dont je rendrai compte. On sait que l'or de départ retient toujours un peu d'argent, qu'on peut en séparer en dissolvant cet or dans l'eau régale; vingt-quatre heures après, on trouve l'argent au fond du matras, sous forme de lune cornée. Si l'on distille cette dissolution dans une cornue de verre, on trouve au fond l'or sous forme métallique; celui-ci ayant été lavé, desséché & fondu, est dans le plus grand état de pureté où l'on puisse amener l'or. La précipitation de ce métal par l'*éther*, offre encore un moyen d'obtenir de l'or très-pur; mais cette opération est lente à se faire. Il faut pour cela verser une partie d'éther dans deux parties de dissolution d'or faite dans l'eau régale; aussitôt l'éther se colore en jaune en s'emparant de l'or : cette nouvelle dissolution nage à la surface de l'eau régale qui est décolorée. Au bout d'une année, & quelquefois de beaucoup moins de tems, l'or se dégage sous forme métallique, & affecte une cristallisation en dendrites. Ce qu'il y a de remarquable, c'est qu'alors l'eau régale n'a plus la propriété de dissoudre l'or qui, après s'être séparé de l'éther, se trouve sous l'eau régale.

Le mercure peut aussi être employé à précipiter l'or de sa dissolution, & est un moyen d'obtenir ce métal dans son plus grand état de pureté.

L'or précipité par le mercure n'est point susceptible de cristalliser comme l'argent, qui produit alors l'amalgame connu sous le nom d'*arbre de Diane*. Si l'on met dans une dissolution d'or étendue de vingt-quatre parties d'eau distillée, six parties de mercure contre une d'or, presque auffitôt la furface du mercure noircit, & l'or quitte l'eau régale pour fe combiner avec ce mercure ; une portion de l'or fe dégage avec fon brillant métallique, mais cette portion même ne tarde pas à s'amalgamer & à prendre une couleur grife.

Pour féparer le mercure de l'or, je commence par bien laver l'amalgame dans de l'eau diftillée ; je le mets enfuite dans un linge pour exprimer le mercure, puis je place cet amalgame folide, dans une taffe de porcelaine, fous la moufle d'un fourneau de coupelle, où je le fais chauffer par degrés, pour que le mercure s'exhale lentement ; il produit alors une fumée grisâtre, accompagnée d'une efpèce de décrépitation (*hh*) : lorfqu'elle a ceffé, il faut pour faire rougir la taffe, l'avancer fous la moufle ; après l'avoir laiffé refroidir, on trouve que l'or poreux qui eft dedans poffède fon brillant métallique. Cet or ne contient pas fenfiblement d'argent, & il eft beaucoup plus pur que celui des Affinages.

(*hh*) Cette décrépitation eft due au mercure , & non au métal avec lequel il eft amalgamé : elle n'a lieu que lorfque ce demi-métal bout & s'évapore à l'air libre ; car , lorfqu'il prend l'ébullition dans une cornue, il diftille fans produire de bruit.

Manière d'essayer le Billon.

On nomme *billon* (*i i*) toute matière d'argent qui eft alliée au deffous du titre fixé pour la fabrication des monnoies : ce nom fe donne auffi à une monnoie décriée, à quelque titre qu'elle puiffe être.

Pour déterminer la quantité d'argent que contient le billon, il faut en prendre un poids connu, & le faire diffoudre dans l'acide nitreux pur, qu'on étend enfuite de dix parties d'eau : en mettant une lame de cuivre dans cette diffolution, l'argent fe précipite fous forme métallique ; après l'avoir lavé, féché & pefé, on détermine la quantité de ce métal qui fe trouvoit dans le billon.

Cette opération eft néceffaire pour parvenir à déterminer la quantité de plomb qu'on doit employer, fi l'on a deffein d'extraire l'argent du billon par la coupellation.

Pour apprécier le billon, il faut favoir que le titre de l'argent monnoyé de France eft à onze deniers, parce qu'il eft allié d'un douzième

---

(*i i*) On donne auffi le nom de *billon* à toute matière d'or alliée au deffous du titre.

de

de cuivre rouge. Le titre des louis d'or eſt de vingt-deux karats (kk), c'eſt-à-dire, que vingt deux parties d'or fin ſont alliées à deux parties de cuivre rouge. Le cuivre qu'on fait entrer dans l'or & l'argent, ſert à donner de la dureté à ces métaux ; mais comme cet alliage n'eſt pas conſtamment exaɛt, à cauſe de la différence de gravité de ces métaux, la loi paſſe dans l'eſſai des matières des trente-deuxièmes de grain de moins pour l'or, & des grains de moins pour l'argent : c'eſt ce qui eſt déſigné ſous le nom de *remède d'aloi*.

L'Adminiſtration s'eſt occupée, en 1763, des moyens de rendre les eſſais uniformes, & a produit alors un Réglement relatif aux faits énoncés dans le rapport qui a été rédigé par MM. Hellot, Macquer & Tillet. Voici l'extrait de l'Arrêt du Conſeil, &c. que je me fais un devoir de remettre ſous les yeux, parce qu'il eſt néceſſaire de le connoître.

(kk) L'or de bijoux doit être à vingt karats, juſqu'au poids d'un marc incluſivement ; ſi l'ouvrage pèſe plus d'un marc, il faut que l'or ſoit à vingt-deux karats.

F

ARRÊT

DU CONSEIL D'ÉTAT DU ROI,

ET

LETTRES-PATENTES SUR ICELUI,

Regiſtrées en la Cour des Monnoies le 9 mars 1764.

Qui preſcrivent à tous les Eſſayeurs des hôtels des Monnoies du Royaume, une méthode uniforme pour faire des eſſais d'Or & d'Argent.

Du 5 décembre 1763.

ARTICLE PREMIER.

IL ne ſera fait à l'avenir aucun eſſai d'or & d'argent dans les hôtels des Monnoies, par les Eſſayeurs deſdites Monnoies, que dans les coupelles, ſoit doubles, ſoit ſimples, qui ſeront faites & formées de la manière preſcrite par les articles ſuivans ; leſquelles ſeront priſes à Paris au bureau des Orfèvres ; & dans les Monnoies du Royaume, chez celui qui ſera indiqué & nommé par les Juges-Gardes de chacune deſdites Monnoies, leſquels veilleront à la fabrication & perfection defdites coupelles, & qu'il ne foit fait d'effais que dans icelles.

ARTICLE II.

Lefdites coupelles ne feront compofées que de pure chaux d'os calcinés jufqu'au blanc, parfaitement leffivée, paffée dans un tamis de foie très-fin, & formées fous une preffe deftinée à cet effet, dont la coupe & le modèle feront envoyés dans chaque Monnoie, pour être remis à celui qui fera chargé de former lefdites coupelles.

ARTICLE III.

Les coupelles fimples auront quatre lignes au moins d'épaiffeur, en partant du fond du baffin ; & les coupelles doubles feront faites, relativement à leur étendue, dans les mêmes proportions que les coupelles fimples, pour que le bain de plomb foit contenu facilement, & qu'elles aient affez de matière pour abforber toute la litharge.

ARTICLE IV.

Il ne fera employé pour tous les effais qui feront faits à l'avenir, que le plomb neuf le plus pauvre, lequel, pour établir l'uniformité, fera fourni par le Clerc de la communauté des Orfèvres de Paris, auquel Sa Majesté enjoint de le tenir toujours au même degré de pauvreté.

Article V.

Les doses de plomb qui feront employées aux différens essais, resteront fixées dans les proportions suivantes, sans qu'aucun Essayeur puisse s'en écarter, à peine de cinq cents livres d'amende ; savoir : pour l'argent d'affinage, il fera employé deux parties dudit plomb pur, ou le double du poids destiné à l'essai ; pour l'argent à onze deniers douze grains, titre prescrit pour la vaisselle plate, quatre parties de plomb ; pour l'argent à onze deniers & au dessous, six parties de plomb ; pour l'argent à dix deniers & au dessous, huit parties de plomb ; pour l'argent à neuf deniers & au dessous, dix parties de plomb ; pour l'argent à huit deniers & au dessous, douze parties de plomb ; pour l'argent à sept deniers & au dessous, quatorze parties de plomb ; pour l'argent à six deniers & au dessous, seize parties de plomb.

Article VI.

Il fera déposé au Greffe de chacune de ses Cours des Monnoies, pour servir d'étalon, un poids *de femelle entière* (*ll*), dont le poids principal fera de trente-fix grains, poids de marc, fur lequel fera infcrit *douze deniers;* & les diminutions de ce poids, jufqu'au quart de grain de fin, feront d'un rapport exact entr'elles & avec ledit poids repréfentant douze deniers de fin, & lefdites diminutions feront pareillement numérotées par des chiffres qui en défignent le poids.

ARTICLE VII.

Permet néanmoins Sa Majefté à tous les Effayeurs, de fe fervir de la demi-femelle ou de dix-huit grains d'argent pour la matière de l'effai, & veut en conféquence qu'il foit dépofé auffi au Greffe de chacune de fefdites Cours, un poids de femelle fur lequel fera auffi infcrit *douze deniers*, dont le poids principal ne fera que de dix-huit grains, poids de marc, & dont les diminutions, jufqu'au quart de grain de fin, feront pareillement numérotées par des chiffres qui en défignent le poids.

ARTICLE VIII.

Il fera pareillement dépofé au Greffe de cha-

(*ll*) La fuite des poids, relative à la fixation du titre de l'or & de l'argent, fe nomme *femelle.*

cune de ſeſdites Cours des Monnoies, pour ſervir d'étalon, une femelle pour les eſſais d'or, dont le poids principal ſera fixé à vingt-quatre grains, poids de marc, & le poids principal de la demi-femelle, à douze grains, avec inſcription de 24 *K*. ſur leſdits poids principaux, tant de la femelle que de la demi-femelle; & ſeront les diminutions deſdits poids, juſqu'au trente-deuxième de fin, dans un rapport exact entr'elles & avec leſdits poids principaux, numérotés avec les chiffres qui en déſigneront le poids; défendant de ſe ſervir à l'avenir d'une femelle, pour l'or, dont le poids principal ne ſeroit que de ſix grains, à peine de cinq cents livres d'amende.

Article IX.

Fait Sa Majeſté défenſes à tous Eſſayeurs de faire uſage des poids de femelle ou demi-femelle, tant pour l'or que pour l'argent, que le poids principal, tant de la femelle que de la demi-femelle, n'ait été étalonné en ſeſdites Cours des Monnoies, & marqué du poinçon qui ſera par Elle déſigné à cet effet.

Expériences qui prouvent que le Plomb ne contient point d'Or, comme le voudroient insinuer quelques Savans modernes.

Quand je me suis occupé de l'extraction de l'or qui se trouve dans les végétaux, mon dessein n'étoit pas d'insinuer au public qu'on pouvoit tirer de ce travail quelque avantage pécuniaire, puisque la petite quantité d'or que je retire de ces végétaux, ne peut pas même dédommager des frais nécessaires pour l'obtenir. Je n'ai eu d'autre but en cela que de constater un fait dont la connoissance pouvoit servir à étendre celles que nous avons déja sur la combinaison des mixtes. J'aurois moins tardé à publier les résultats de ce travail, si le rapport de la classe de Chimie, que l'Académie avoit chargée, à ma sollicitation, de répéter mes expériences, eût été fait plus tôt.

Ce rapport, loin d'éclaircir le fait, répand sur cette matière plus d'incertitude qu'il n'y en avoit auparavant, puisque ces Messieurs disent que l'or qu'ils retirent ne vient point des végétaux, mais du plomb qu'on emploie pour la scorification, tandis que Beccher, Henckel,

MM. de Lauraguais, Rouelle, d'Arcet & Bertholet, difent que les cendres des végétaux fourniffent de l'or.

On lit *pages 10 & 11* d'un ouvrage (*mm*) publié par ces derniers Chimiftes :

« Il réfulte de la première expérience de
» M. Bertholet fur la cendre de vigne, qu'un
» quintal réel de cette cendre ne pourroit don-
» ner que quarante grains huit vingt-cinquièmes
» d'or. »

Les autres expériences faites par M. Bertholet, lui ont fourni beaucoup moins d'or ; MM. Rouelle & d'Arcet n'ont retiré, par quintal de cendre, que trois grains un cinquième d'or.

Cette variation (*nn*) dans les produits ne fait-elle pas connoître que les cendres qui ont

---

(*mm*) Cet ouvrage, *en 19 pages in-12*, a pour titre, *Expériences faites par MM. Rouelle & d'Arcet, d'après celles de M. Sage ;* il a été imprimé en 1778, & fe vend chez Debure, Libraire.

(*nn*) L'acide nitreux concentré ayant la propriété de diffoudre l'or, il peut fe faire que la variation dans les produits provienne de ce que ce métal aura été diffous ; cet or peut auffi avoir été abforbé en partie pendant la coupellation. L'exactitude exigeoit de réduire les coupelles, & de repaffer le plomb qu'elles avoient produit ; c'eft ce qui n'a pas été fait.

été employées différoient entr'elles ? On verra par la suite, que la manière d'opérer peut encore influer sur la quantité des produits. Sans avoir cette précision mathématique dont M. d'Arcet me gratifie, je ne crains point d'avancer que l'habitude du travail docimastique m'a donné quelque avantage sur les autres à cet égard.

Les Chimistes de l'Académie, après avoir travaillé pendant un an sur *trois livres de cendres produites par cent livres de sarment* qui avoit été brûlé par M. Baumé, disent, dans le rapport qu'ils ont fait à l'Académie le 21 août 1779, qu'ils ont retiré du minium réduit avec les cendres & le flux noir, trois grains d'or par quintal de cendre : ce produit est semblable à celui de MM. Rouelle & d'Arcet. Les Académiciens attribuent cet or au plomb, quoique le minium qu'ils ont employé ne leur ait rendu par la coupellation, lorsqu'ils l'ont réduit par la poix résine, qu'un grain d'argent & point d'or ; & ils fondent leur assertion sur ce que ce même minium, ayant été réduit par le flux noir, donne, par la coupellation, une minicule d'argent mêlée d'or : *Le plomb*, disent-ils, *éprouve alors plus de chaleur pour sa réduction ; c'est ce qui facilite la réunion des molécules d'or qu'il contient.*

Mais cette expérience ne seroit-elle pas plutôt contre ces Messieurs que contre moi? En effet, le flux noir étant composé, pour la plus grande partie, d'alkali du tartre, ne doit-on pas regarder comme un produit du végétal, l'or qu'on trouve dans le plomb qui a été réduit du minium par l'intermède de ce flux, puisque, d'un autre côté, cette même chaux de plomb, revivifiée par le moyen de la poix résine, ne produit plus qu'une minicule d'argent?

De plus, les Commissaires de l'Académie n'ont opéré que sur une quantité de cendres provenue de la combustion du même sarment. Ces Chimistes voyant qu'elles rendoient si peu, n'auroient-ils pas dû brûler d'autres sarmens, pour examiner s'ils trouveroient de la différence dans les produits? Ils devoient d'autant moins s'en dispenser, que j'avois observé, dans mon Mémoire, que le bois qui avoit été dépouillé de sa matière extractive par l'eau, ne fournissoit presque plus d'alkali, & pas sensiblement d'or.

Je me rendis chez M. Baumé au jour indiqué, pour commencer les expériences que j'avois prié l'Académie de faire répéter; mais des malheurs sans nombre qui arrivèrent aux four-

neaux, aux creufets & aux balances d'effais de
M. Baumé, me firent voir que ce Chimifte,
très-habile d'ailleurs, n'étoit rien moins qu'exercé
dans les opérations de docimaftique ; c'eft ce
qui me fit prendre le parti d'engager MM. les
Commiffaires à me voir opérer. Ils fe rendirent
à mon laboratoire, avec M. Baumé, le premier
feptembre 1778 ; réduction du plomb, fcorifi-
cations des cendres, coupellations & départ,
tout fut fait & répété *fans malheurs*, & avec
précifion, dans l'efpace de deux heures, quoique j'euffe employé toutes les matières qui
m'avoient été apportées par M. Baumé.

Malgré ces expériences authentiques, &
celles de Beccher, de MM. Rouelle, d'Arcet,
Bertholet, &c. la claffe de Chimie de l'Académie a dit, dans fon rapport, que l'or qu'elle
obtenoit étoit contenu dans le plomb, & non
dans les végétaux ; c'eft ce qui me porta à lire
& à dépofer fur le champ, à l'Académie, ce
qui fuit.

« Les Chimiftes favoient qu'il n'y a point de
» plomb qui ne contienne une parcelle d'ar-
» gent ; c'eft ce qui a été vérifié, avec beau-
» coup de précifion, par M. Tillet : mais on
» ignoroit que le plomb contînt de l'or, comme
» veulent le faire entendre ces Meffieurs par

» leur rapport. Qu'il me foit permis de citer
» les expériences que j'ai faites en préfence des
» Commiffaires de l'Académie, auxquels s'é-
» toient joints MM. le Roi, Tillet, & plufieurs
» autres perfonnes. J'employai, comme on le
» fait, les matières qui furent apportées par
» M. Baumé; le minium, réduit par la poix ré-
» fine, ne nous a fourni, par la coupellation,
» qu'une molécule d'argent qui ne contenoit
» point d'or, tandis que le même minium,
» ayant été fondu avec les cendres de farment
» & le flux noir, a produit un culot de plomb
» qui a rendu, par la coupellation, un grain de
» fin plus pefant que le précédent, lequel ayant
» été mis dans de l'acide nitreux précipité, mar-
» quant 27 degrés à l'aréomètre, a laiffé une
» minicule ronde d'or, qui avoit fon brillant
» métallique. Ces expériences furent répétées
» dans le même tems, avec les mêmes matiè-
» res, & les réfultats ont été femblables aux
» précédens.

» Pour moi, j'attache peu d'importance à
» mon travail; je ne fuis pas l'auteur de la dé-
» couverte de l'or dans les végétaux; mais en
» confcience, & d'après la manière très-incer-
» taine de travailler de M. Baumé, que vous
» ne pouvez nier, Meffieurs, pouvez-vous,

» sans avoir fait vous-mêmes ces expériences,
» annoncer à la postérité, au nom de l'Aca-
» démie, pour des vérités, des faits contredits
» par l'expérience même?

» Rappelez-vous, Messieurs, que j'ai fait part
» dans le tems à l'Académie, que pour conf-
» tater mes expériences, j'avois prié M. le
» comte d'Arci de les faire répéter par les Of-
» ficiers des mines de Bretagne. Leur rapport
» est conforme à ce que j'ai avancé, c'est-à-
» dire, que le minium, réduit par la poix ré-
» sine, ne produit, par la coupellation, que de
» l'argent, tandis que le minium, après avoir
» été fondu avec des cendres de végétaux &
» du flux noir, produit du plomb qui fournit,
» par la coupellation, de l'argent contenant de
» l'or. »

L'Académie n'a rien objecté à la lecture de
ces observations, parce qu'elles sont exactement
vraies, & conformes à ce que j'ai fait & lu à
l'Académie en 1778.

Observations sur les différentes substances métalliques, & particulièrement sur l'Or qu'on rencontre dans les cendres des végétaux ;

Lues à l'Académies le 23 mai 1778.

Quoique Henckel ait dit dans le quatorzième chapitre du *Flora Saturnisans*, p. 249, *que les plantes peuvent réellement & essentiellement contenir de l'or*, cette assertion n'étant étayée d'aucune expérience, les Chimistes n'y ont point fait attention ; celles dont je vais rendre compte feront connoître que les végétaux contiennent de l'or. Malgré que j'eusse multiplié & varié mes essais de manière qu'il ne me restoit aucun doute, je me suis contenté d'en déposer les résultats à l'Académie, sous cachet, dans le dessein de ne faire part de mes expériences que lorsqu'elles auroient été répétées par d'autres, & c'est ce que je viens d'apprendre, par un rapport que m'a remis M. le comte d'Arci ; il a été fait par les Officiers des mines de Poullaoen, qui sont très-exercés dans la Docimasie.

M. Rey de Morande, Négociant de Cadix, m'ayant dit qu'il avoit vu extraire de l'or des cendres de sarment, je résolus de vérifier ce fait.

Dans ce deſſein, je fis brûler du ſarment dans un fourneau ; j'obtins une cendre grisâtre très-légère : ayant paſſé dedans un barreau aimanté, je le retirai couvert de parcelles de fer ; je les raſſemblai avec le doigt, & elles firent houppe à l'extrémité du barreau.

J'ai fondu, dans un creuſet de Heſſe, une once vingt-quatre grains de cendres de ſarment avec une demi-once douze grains de minium (*oo*), deux onces de flux noir & un peu de poudre de charbon ; le culot refroidi, j'ai trouvé ſous les ſcories un culot de plomb, dont j'ai retiré, par la coupellation, un grain de fin mêlé d'or & d'argent d'un jaune pâle : après y avoir ajouté deux parties d'argent pur, j'ai mis en digeſtion ce mélange métallique dans de l'acide (*pp*) nitreux précipité ; l'argent s'eſt diſſous ; il eſt

---

(*oo*) J'ai pris pour témoin, dans ces expériences, le grain de coupelle produit par le plomb qui avoit été réduit par le flux noir, parce que j'ai reconnu qu'il étoit plus peſant, à raiſon d'une partie d'or qu'il contenoit : le même minium, réduit par la poix réſine, produit, par la coupellation, une minicule d'argent moins peſante, parce qu'elle ne contient point d'or.

(*pp*) Cet acide marquoit 27 degrés à l'aréomètre de M. Baumé.

resté au fond du matras un grain d'or, qui, après avoir été lavé & séché, m'a fait connoître que ce dernier métal se trouvoit dans la proportion de quatre gros douze grains dans un quintal de cendres de sarment.

J'ai répété au moins vingt fois cette expérience avec un égal succès : j'ai essayé des sarmens de Saint-Cloud, de Vincennes, & de ceux d'une vigne du Jardin du Roi ; je n'ai point trouvé de différence sensible dans leur produit en or.

Ayant calciné de ces cendres de sarment dans un test, elles se sont agglutinées, à demi vitrifiées, & sont devenues d'un gris foncé ; ayant exposé cette espèce de fritte à un feu très-violent, elle a produit un émail noir.

J'ai essayé de retirer l'or de la fritte des cendres de sarment, en employant le procédé que j'ai décrit ci-dessus ; j'ai reconnu que le plomb se rassembloit bien plus difficilement, & qu'on en retiroit moins d'or.

Les cendres de bois de hêtre, ayant été traitées de la même manière que celles de sarment, m'ont produit, par quintal, deux gros trentesix grains d'or ; les cendres de ce même bois qui avoit été flotté, ne m'ont point donné d'or.

D'après les essais de M. Gérard, l'un des Officiers

ficiers des mines de Poullaoen, il réfulte que les cendres de chêne contiennent de l'or, & qu'on en peut extraire ce métal après avoir bien leſſivé ces cendres.

Voulant déterminer ſi les bois rouges contenoient plus d'or que ceux qui ſont blanchâtres, j'ai incinéré du bois de Campêche ; la cendre que j'ai obtenue étoit plus grisâtre que celle du ſarment ; j'en ai retiré, avec un barreau aimanté, une plus grande quantité de fer en parcelles, plus fortes que celles des cendres des autres bois : la cendre du bois de Campêche ne m'a pas produit ſenſiblement d'or. Le bois de Campêche ſe vend dépouillé de ſon écorce : l'or réſideroit-il dans la partie corticale des végétaux ?

Le terreau végétal n'étant qu'une altération ſpontanée des végétaux, par le concours de l'air & de l'eau, j'ai penſé qu'il pourroit contenir de l'or. Pour m'en aſſurer, j'ai incinéré du terreau d'une année, qui avoit été fait avec de la paille ; j'ai traité cette cendre de la même manière que celle de ſarment, & j'ai retiré un gros cinquante - ſix grains d'or par quintal de cendres de terreau.

La terre végétale, *humus*, (*terra vegetabilis*) n'étant qu'un terreau altéré, où il ſe trouve

plus de quartz, de fer & d'argile que dans le terreau, j'ai cherché à m'affurer fi elle contenoit
de l'or. Pour cet effet, j'ai calciné (*qq*) de la
terre végétale d'un potager, afin d'incinérer les
parcelles de végétal qu'elle contenoit encore;
& l'ayant traitée avec le minium & le flux noir,
comme les cendres de farment, j'ai retiré, par
quintal de terre végétale (*rr*) calcinée, deux
onces trois gros quarante grains d'or (*ff*). J'ai
effayé d'autres terres végétales qui ne m'ont
produit, par quintal, que cinq gros d'or.

L'analyfe de la terre de bruyères, (*humus
pauperata*, Linn. *arena campeftris*, Linn.) que
j'ai lue à l'Académie le 17 juin 1779, fait connoître qu'elle contient beaucoup moins d'or.

La terre de bruyères (*tt*) diffère du terreau

(*qq*) La terre végétale calcinée, après avoir été fé-
chée, diminue d'un cinquième.

(*rr*) La terre végétale que j'ai effayée, étoit celle
d'un potager qui avoit été fumé annuellement avec
de la litière, depuis plus de foixante ans.

(*ff*) J'ai obfervé qu'il falloit coupeller rapidement,
à l'aide d'un feu vif, pour que le grain de retour an-
nonçât le produit exact; car en coupellant lentement,
il y a fouvent abforption d'une partie du fin.

(*tt*) Cette terre paroît produite par la décompofition des bruyères.

& de l'*humus*, en ce qu'elle ne contient prefque point d'argile ; elle eft compofée de fablon blanc & de parcelles de racines ligneufes
noires : ces débris de végétaux s'y trouvent dans
la proportion d'un quart, & le fablon forme les
trois autres parties.

Les Jardiniers ont reconnu que la terre de
bruyères étoit préférable aux autres terres végétales, pour plufieurs efpèces de plantes dont
les racines étoient trop foibles pour pénétrer
dans les autres terres, à caufe de la ténacité
de l'argile que ces terres contiennent.

Avant d'analyfer la terre de bruyères, je l'ai
paffée au tamis de crin, pour en féparer les portions de groffes racines qu'elle contenoit. Les
lavages, la diftillation, la calcination, la fcorification & la coupelle, font les opérations à
l'aide defquelles je fuis parvenu à déterminer
les principes de la terre de bruyères. Les opérations dont je vais rendre compte ont été faites
fur cette terre, que j'avois eu foin de faire fécher au foleil.

J'ai mis de la terre de bruyères dans de l'eau ;
lorfque les portions de végétaux qu'elle contenoit en eurent été pénétrées, elles fe préci-
pitèrent : alors j'agitai cette eau, & la décan-

G ij

tai ; elle tenoit fufpendue une partie de ces débris de végétaux. En verfant à plufieurs reprifes
de nouvelle eau fur ce réfidu, & en la décan-
tant fucceffivement après l'avoir agitée, j'ai obtenu un fablon blanchâtre ; ayant retenu fur un
filtre les portions de végétaux que l'eau avoit
féparées de la terre de bruyères , & après les avoir
fait fécher, j'ai obtenu une poudre noire fans
cohérence, laquelle ne m'a point paru contenir
fenfiblement d'argile.

J'ai calciné dans un têt de la terre de bruyères, qui a répandu une odeur auffi défagréable
que celle de la tourbe ; elle a brûlé en s'en-
flammant : le réfidu étoit d'un gris jaunâtre ,
& pefoit un quart de moins. En paffant un barreau aimanté dans cette terre calcinée, j'en ai
retiré des parcelles de fer.

On reconnoît par les produits de la diftillation de cette terre, que les végétaux qu'elle
contient ont commencé à fe putréfier (*uu*).
J'ai diftillé au fourneau de réverbère une livre
de terre de bruyères ; elle a produit une once

(*uu*) Les racines des plantes ligneufes qui n'ont point
été altérées par la putréfaction , ne produifent point
d'alkali volatil par la diftillation.

d'esprit alkali volatil foible (xx), & environ trois gros d'huile empyreumatique figée & légère, beaucoup d'air : le résidu pesoit un sixième de moins ; il étoit composé de charbon mêlé de sablon.

L'expérience suivante fera connoître que la terre de bruyères contient de l'or, mais en petite quantité ; ce qui n'est point étonnant, puisque les substances végétales ne s'y trouvent que dans la proportion d'un quart, & qu'elles n'y sont pas même converties en terre.

J'ai fondu une once vingt-quatre grains de terre de bruyères calcinée, avec une demi-once de minium & trois onces de flux noir (yy) ; j'ai obtenu un culot de plomb, qui a produit, par la coupellation, un bouton de fin mêlé d'or & d'argent. Après avoir fait l'inquart, j'ai re-

---

(xx) Il paroît qu'une portion de cet alkali volatil est combinée avec de l'acide végétal, puisqu'il ne fait presque point d'effervescence avec les acides, & qu'il ne verdit que foiblement la teinture des violettes.

(yy) Le sablon étant en très-grande quantité dans la terre de bruyères, il faut employer un tiers de plus de flux noir que pour la terre végétale, parce que sans cela la fonte se bourssouffleroit, seroit de difficile fusion, & le plomb ne se rassembleroit pas.

G iij

connu que l'or ne se trouvoit dans cette terre calcinée, que dans la proportion de deux gros trente-six grains par quintal. S'il y a une si grande différence entre le produit de cette terre & celui de la terre végétale, qui a fourni deux onces trois gros quarante grains d'or par quintal, c'est, comme je l'ai dit ci-dessus, parce que la terre de bruyères ne contient qu'un quart de son poids de végétaux à demi décomposés, tandis que la terre végétale est le résidu de la décomposition d'une immense quantité de végétaux.

Le sablon que j'avois retiré de la terre de bruyères, ayant été traité par la scorification, en employant les mêmes doses de flux & de minium que dans l'expérience précédente, n'a point produit d'or; ce qui prouve que ce métal n'existe que dans les portions de végétaux que cette terre contient.

S'il en faut croire Adam de Saint-Victor, dans une Hymne à S. Jean l'Evangéliste, citée par Beccher au quatrième chapitre du premier supplément de sa Physique souterraine, *page 304*, cet Apôtre, pendant son exil dans l'île de Pathmos, s'occupoit à retirer l'or des végétaux.

Inhexauſtum fert' theſaurum,
Qui de virgis fecit aurum,
Gemmas de lapidibus.

Beccher, après avoir dit qu'il paroît d'abord très-étonnant qu'on puiſſe faire de l'or avec les végétaux, *ex virgis aurum facere, ex vegetabili metallum, id primo intuitu valde durum*, raconte qu'un Jéſuite lui remit de la cendre de tamariſc, en le priant de l'eſſayer, & qu'il en tira de l'or. Ce Jéſuite demanda à Beccher le plus grand ſecret, parce qu'il craignoit, diſoit-il, que ſes ſupérieurs n'appriſſent qu'il eût fait cette découverte, vu l'uſage où ils étoient de condamner à une priſon perpétuelle ceux d'entr'eux qui s'occupoient d'Alchimie. Or Beccher regardoit comme un procédé alchimique l'extraction de l'or des végétaux, parce qu'il croyoit qu'on faiſoit ce métal, & qu'il n'exiſtoit point tout formé dans les plantes ; il avoit la même opinion du fer qu'on en retire.

Il réſulte des expériences dont je viens de rendre compte, qu'on peut extraire de l'or des cendres de ſarment, de hêtre & de chêne, du terreau, de la terre végétale & de celle de bruyères ; que l'or, ainſi que le fer, ſont parties intégrantes des végétaux : mais on voit

G iv

que l'or s'y trouve en bien moindre quantité que le fer; car, en faifant attention que le bois de chêne le plus compacte ne fournit qu'environ la deux centième ($\gamma\gamma$) partie de fon poids de cendres, & que l'or ne fe trouve dans les végétaux où il eft le plus abondant, que dans la proportion de quatre gros douze grains par quintal de cendres, il eft facile de reconnoître combien il y eft étendu. Les bois flottés ne produifant pas fenfiblement d'or, ce métal feroit-il contenu dans la partie extractive des végétaux? Enfin, fi l'on extrait de la terre végétale une plus grande quantité d'or que des cendres des végétaux, c'eft qu'elle eft le produit d'une plus grande quantité de végétaux décompofés (*aaa*). Seroit-ce à la modification

---

($\gamma\gamma$) Il faudroit donc vingt mille livres pefant de bois pour produire un quintal de cendres.

(*aaa*) Ne pourroit-on pas apprécier, par la quantité d'or que fournit le quintal de terre végétale, de quelle quantité de végétaux elle eft le réfultat? En prenant pour terme de comparaifon la cendre de farment, dont le quintal rend quatre gros d'or, & en eftimant qu'il faut vingt mille livres de bois pour produire cent livres de cendres, qui rendent quatre gros d'or, la terre végétale, qui en fourniroit deux onces deux gros, feroit donc le produit de la terrification de quatre-vingt-dix mille livres de bois.

de l'or & à celle du fer, par le moyen de l'acide végétal, que feroient dues les différentes couleurs des fleurs & des bois?

Réfumé.

Le plomb obtenu du minium réduit par la poix réfine, ne produit, par la coupellation, qu'une minicule d'argent ; mais, lorfque ce même minium a été réduit par le flux noir, il fournit de l'argent mêlé d'une parcelle d'or.

La même quantité de minium, réduite avec le flux noir & le terreau calciné, font connoître que l'or fe trouve dans cette terre végétale dans la proportion de

	onces	gros	grains	
Terreau	o	1	56	
Terre de bruyères .	o	2	36	
Bois de hêtre . . .	o	2	36	
Sarment	o	4	12	
Terre de jardin . .	o	5	oo	par quintal.
Terre de potager fumée toutes les années depuis 60 ans	2	3	40	

Si les végétaux ne fourniffoient point d'or, on pourroit préfumer qu'il a été porté par hafard dans la terre végétale ; mais n'eft-il pas plus plaufible de dire que celle qui fournit dix fois plus d'or que le terreau, eft le produit d'une quantité de végétaux dix fois plus confidérable ?

Je ne fais pas pourquoi, dans plus de cent effais que j'ai faits, foit fur les cendres des végétaux, foit fur les terres végétales, le grain de retour de la coupelle étoit toujours jaune, tandis que la minicule, qui a été obtenue par ceux qui ont répété ces expériences, étoit blanche. Je crois que cela peut provenir de la manière de mettre en bain le flux ; car ayant employé, pour les expériences de l'Académie, fon minium, fes cendres & fes creufets, j'ai eu un grain de retour très-petit, il eft vrai, mais ayant une teinte jaune (*bbb*) : ce même grain ayant été paffé à l'acide nitreux, a laiffé une minicule d'or jaune, brillant & ductile. Ces Meffieurs n'ont jamais obtenu, dans leurs expériences, l'or que fous forme d'une poudre noire.

(*bbb*) Les Chimiftes de l'Académie attribuoient cette couleur à une pellicule de litharge ; mais le grain d'or brillant qui reftoit dans l'acide nitreux, démontra que c'eft à ce métal, & non à la litharge, qu'étoit due la couleur jaune du grain de retour fur la coupelle.

Les Chimiftes de l'Académie ont retiré du minium traité avec la cendre de farment, trois grains d'or par quintal, produit net femblable à celui de MM. Rouelle & d'Arcet. M. Bertholet a quelquefois obtenu le *minimum* de ces Meffieurs; mais il a eu un *maximum* de quarante grains huit vingt-cinquièmes d'or par quintal réel de cendres de farment.

M. Rai de Morande, qui m'engagea à effayer les cendres de farment, m'affura avoir vu extraire, à Lyon, pour quarante-quatre livres d'or d'un quintal de ces cendres. Les cendres de farment de M. Baumé ne m'ont pas fourni fenfiblement plus d'or qu'à lui. J'ai eu occafion d'effayer des cendres de farment que j'avois brûlé, qui ne m'ont point fourni plus d'or que celles de M. Baumé, tandis que d'autres m'en ont rendu jufqu'à quatre gros douze grains par quintal.

Je ne puis croire que l'or que j'ai obtenu ait été fourni par les creufets de Heffe que j'ai employés, puifqu'en répétant ces expériences dans des creufets de Paris, j'ai eu également des produits aurifères.

Je finirai en difant que, tels que foient ou pourront être les rapports de ceux qui ont répété & répéteront ces expériences, ils ne pourront me faire changer d'opinion; car j'ai apporté tant de foin dans mon travail, que je ne crois pas qu'il foit poffible que je me fois trompé. Le ton d'ironie de ceux qui ont écrit & parlé contre ces expériences, ne peut empêcher que l'or n'entre comme principe dans les végétaux tout auffi réellement que le fer, dont l'exiftence dans ces mêmes végétaux n'eft aujourd'hui conteftée par perfonne.

Des Balances d'effai.

La balance eft un levier du premier genre, qu'on a nommé fleau; un axe le fépare en deux. Sa forme eft une lame triangulaire aiguë (*bbb*); à la partie fupérieure du fleau, correfpondante à l'axe, eft fixée une aiguille qui indique l'inclinaifon des bras de la balance. Celles qui fervent à faire apprécier le produit des effais, doivent être de la plus grande fenfibilité; elle dépend de la pofition du centre de gravité, relativement à celui de fufpenfion. La balance eft moins fenfible, & fe porte à un équilibre plus conftant, lorfque le centre de gravité eft au deffous de

-----

(*bbb*) Cet axe fe nomme couteau, & repofe fur des tables d'acier ou dans des fourchettes.

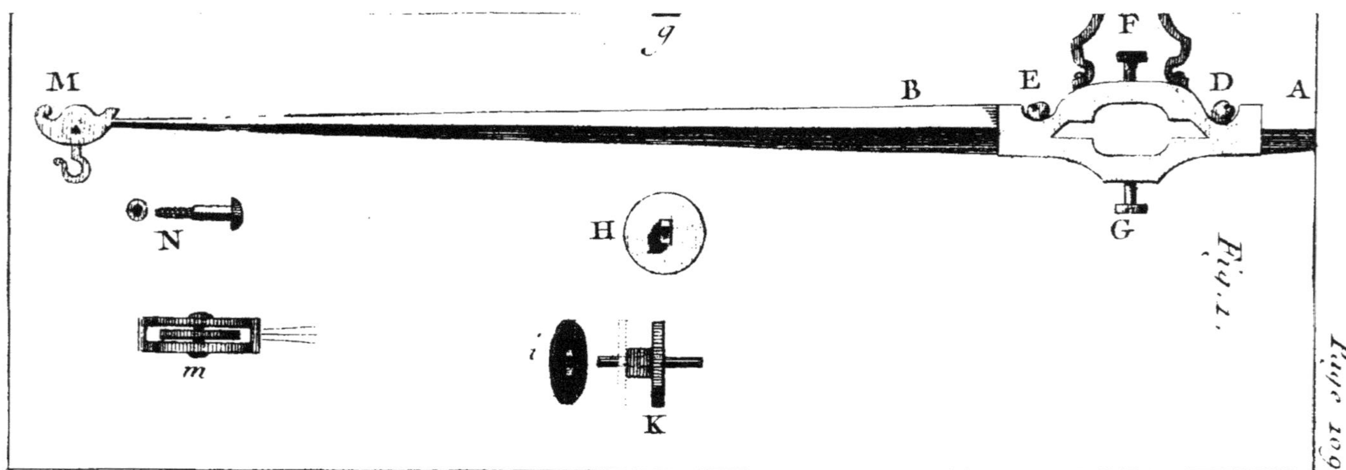

le la Balance d'essai.

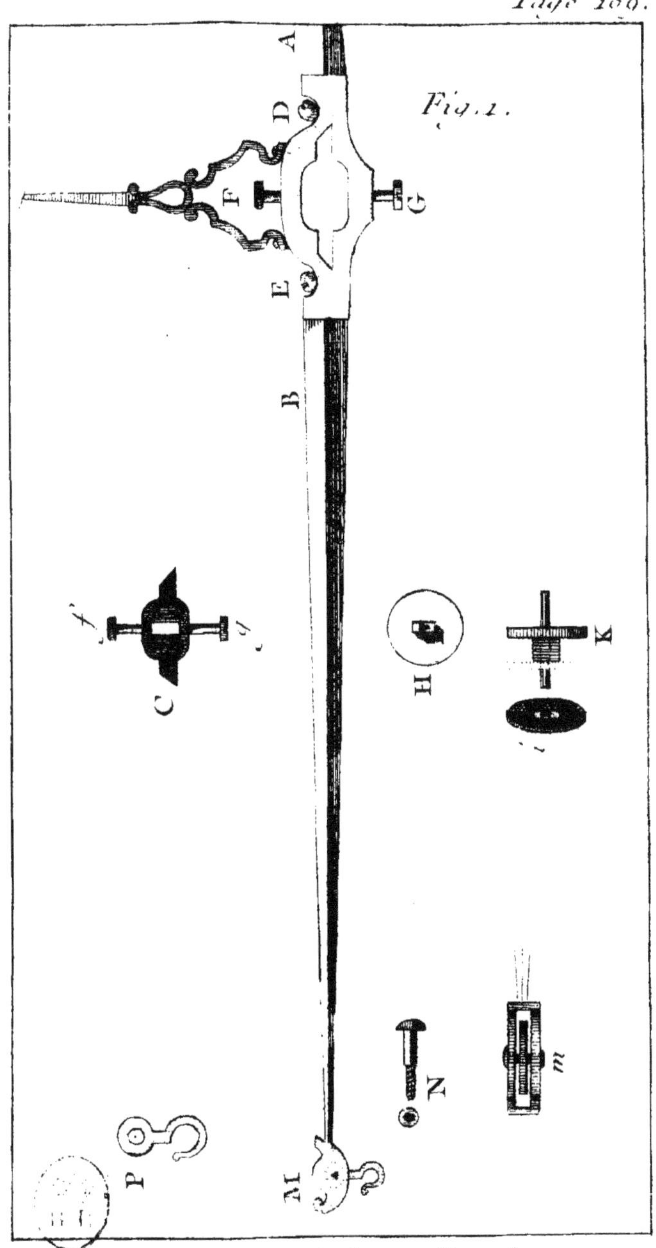

Fléau de la Balance d'essai.

celui de suspension. Si le centre de gravité se trouve un peu plus haut que celui de suspension, le fleau est beaucoup plus mobile, & ne peut conserver l'équilibre que quand l'égalité est absolue. Connoissant l'exactitude de M. Mégnié (*ccc*), je le priai de me faire une balance d'essai : il eut la complaisance de l'exécuter ; elle est si sensible, qu'elle trébuche à la deux millième partie d'un grain (*ddd*). M. Mégnié est parvenu, par un moyen ingénieux, à éviter les difficultés extrêmes qu'on éprouve, lorsqu'il est question d'ajuster les balances d'essai. Ce moyen consiste à rendre le couteau mobile par quatre vis de rappel, afin de placer ce couteau convenablement, & de rendre la balance plus sensible & plus exacte.

Le fleau de la balance, *fig. 1*, doit être

(*ccc*) Cet habile Artiste est connu avantageusement par le quart de cercle qu'il a présenté à l'Académie, & par le micromètre à l'aide duquel il divise une ligne quarrée en quarante mille parties. On lui doit aussi la perfection des eudiomètres.

(*ddd*) M. Mégnié a rendu cette balance propre à servir aux expériences hydrostatiques. Je ferai connoître ses effets dans la Chimie que je me propose de publier.

fait en acier. Le milieu de ce fleau eſt percé, & reçoit une pièce C mobile dans la direction A B par le moyen des vis D E. On voit dans cette même pièce C une ouverture quarrée, deſtinée à recevoir le quarré de la pièce H, lequel eſt rendu immobile dans la pièce C par les vis F G. La pièce H porte le couteau, comme on le voit par le profil K; ainſi les quatre vis D E F G ſervent à placer le couteau dans la poſition la plus convenable. Par exemple, ſi le bras A étoit plus long que le bras B, on deſſerreroit la vis D, & en ſerrant la vis E le couteau ſe porteroit en A; ſi le couteau étoit trop bas, on deſſerreroit la vis F & on ſerreroit la vis G.

Les trous par où paſſent les vis F G dans le fleau, doivent être alongés en A & en B, parce que les vis D E faiſant mouvoir la pièce C, entraînent avec elle les vis qui y ſont fixées. Ce mécaniſme eſt en partie caché par la pièce H qui, étant recouverte d'une plaque I, & rivée ſur le fleau, ne laiſſe voir que deux plaques circulaires, d'où le couteau ſemble ſortir. Ces plaques ſont tournées ſur l'arête du couteau, ce qui aſſure ſa perpendicularité. Les extrémités des bras du fleau ſont chacune garnies d'un couteau N, lequel paſſe à travers une chape M, qui préfente une arête très-vive dans l'anneau du crochet P ; ce crochet s'introduit dans la chape M ; enfuite on place le petit couteau N qu'on fixe par fon écrou (*eee*).

Une colonne ou un obélifque creux, renferme les poulies de renvoi qui font monter la verge de fer fur laquelle font fixées les tables d'acier, ou les fourchettes qui portent le couteau, quand la balance eft en expérience. Afin d'empêcher le frottement continuel du couteau, le fleau eft foutenu par deux bras fixés à la partie fupérieure de l'obélifque.

Le mouvement d'afcenfion de la balance, fe produit par des poulies de renvoi : la partie inférieure de la verge d'acier qui élève les tables ou les fourchettes, eft terminée, à fon extrémité inférieure, par une poulie B fous laquelle paffe le cordon fixé en A, lequel paffe dans la poulie C, enfuite dans la poulie D, pour fe rendre au couffin E qui repofe fur la table de la lanterne.

Pour abriter les balances d'effai de la pouffière & de l'effet de l'air, on les tient enfer-

---

(*eee*) Les verges métalliques auxquelles on a fixé les plateaux de la balance, font portées par ces couteaux.

mées dans une cage de verre, dont le devant est une vître à coulisse. Il faut avoir soin que le soleil ne se porte point sur le fleau, parce que l'alongement inégal de ses bras feroit cesser l'équilibre, qui ne se rétabliroit que lorsque la chaleur se feroit partagée également dans toutes les parties du fleau.

F I N.

APPROBATION.

APPROBATION.

J'ai lu, par ordre de Monseigneur le Garde des Sceaux, l'ouvrage qui a pour titre *Tableau comparé de la Coupellation des Subſtances métalliques, &c.* ou *l'Art d'eſſayer l'Or & l'Argent.* Il ne contient rien qui doive en empêcher l'impreſſion. A Paris, le 28 ſeptembre 1780.

Lebegue de Presle.

PRIVILÈGE DU ROI.

Louis, par la Grace de Dieu, Roi de France et de Navarre : A nos amés & féaux Conſeillers, les Gens tenans nos Cours de Parlement, Maîtres des Requêtes ordinaires de notre Hôtel, Grand-Conſeil, Prévôt de Paris, Baillifs, Sénéchaux, leurs Lieutenans Civils, & autres nos Juſticiers qu'il appartiendra : Salut. Notre amé le ſieur *Sage* Nous a fait expoſer qu'il deſireroit faire imprimer & donner au Public *Le Tableau comparé de la Coupellation des Subſtances métalliques, &c.* de ſa compoſition, s'il Nous plaiſoit lui accorder nos Lettres de Permiſſion pour ce néceſſaires. A ces Causes, voulant favorablement traiter l'Expoſant, Nous lui avons permis & permettons par ces Préſentes, de faire imprimer ledit ouvrage autant de fois que bon lui ſemblera, & de le faire vendre & débiter par-tout notre Royaume, pendant le tems de cinq années conſécutives, à compter du jour de la

H

date des Préfentes. FAISONS défenfes à tous Imprimeurs, Libraires & autres perfonnes de quelque qualité & condition qu'elles foient, d'en introduire d'impreffion étrangère dans aucun lieu de notre obéiffance.
A la charge que ces Préfentes feront enregiftrées tout
au long fur le Regiftre de la Communauté des Imprimeurs & Libraires de Paris, dans trois mois de la date
d'icelles; que l'impreffion dudit ouvrage fera faite dans
notre Royaume & non ailleurs, en bon papier & beaux
caractères; que l'Impétrant fe conformera en tout aux
Réglemens de la Librairie, & notamment à celui du
10 avril 1725, & à l'Arrêt de notre Confeil du 30
août 1777, à peine de déchéance de la préfente Per-
miffion : qu'avant de l'expofer en vente, le manufcrit
qui aura fervi de copie à l'impreffion dudit ouvrage,
fera remis, dans le même état où l'Approbation y
aura été donnée, ès mains de notre très-cher & féal
Chevalier Garde des Sceaux de France, le fieur HUE
DE MIROMENIL ; qu'il en fera enfuite remis deux
exemplaires dans notre Bibliothèque publique, un
dans celle de notre château du Louvre, un dans
celle de notre très-cher & féal Chevalier Chancelier
de France le fieur DE MAUPEOU, & un dans celle
dudit fieur HUE DE MIROMENIL : le tout à peine de
nullité des Préfentes ; du contenu defquelles vous man-
dons & enjoignons de faire jouir ledit Expofant & fes
ayans-caufes, pleinement & paifiblement, fans fouffrir
qu'il leur foit fait aucun trouble ou empêchement.
VOULONS qu'à la copie des Préfentes, qui fera im-
primée tout au long au commencement ou à la fin
dudit ouvrage, foi foit ajoutée comme à l'original.
COMMANDONS au premier notre Huiffier ou Sergent

fur ce requis, de faire pour l'exécution d'icelles tous Actes requis & néceſſaires, ſans demander autre permiſſion, & nonobſtant clameur de Haro, Charte Normande, & Lettres à ce contraires : Car tel eſt notre plaiſir. Donné à Paris le quinzième jour du mois de novembre l'an de grace mil ſept cent quatre-vingt, & de notre régne le ſeptième. Par le Roi en ſon Conſeil.

LEBEGUE.

Regiſtré ſur le Regiſtre XXI de la Chambre Royale & Syndicale des Libraires & Imprimeurs de Paris, nᵒ. 2219, fol. 399, conformément aux diſpoſitions énoncées dans la préſente Permiſſion, & à la charge de remettre à ladite Chambre les huit exemplaires preſcrits par l'article CVIII du Réglement de 1723. A Paris, le 17 novembre 1780.

FOURNIER, Adjoint.

www.ingramcontent.com/pod-product-compliance
Ingram Content Group UK Ltd.
Pitfield, Milton Keynes, MK11 3LW, UK
UKHW031850170726
13836UKWH00004B/1995